V. Jaime - J. Alva

Circuitos excitados por señales alternas

1ra. Edición
2000

LIBRERIA Y EDITORIAL ALSINA
Paraná 137 - (1017) Buenos Aires
Telefax (054)(011)4373-2942 y (054)(011)4371-9309
ARGENTINA

Queda hecho el depósito que establece la ley 11.723
Buenos Aires, 2000

Esta publicación supone un conocimiento previo sobre los temas que se detallan:

- ***Sistemas de unidades***
- ***Elementos de circuitos***
- ***Ley de Ohm***
- ***Leyes de Kirchhoff***
- ***Análisis de circuitos mediante el método de los nodos***
- ***Análisis de circuitos mediante el método de las mallas***
- ***Teoremas de Thevenin y Norton***

Diseño de Tapa, diagramación, ilustraciones y armado de interior:
Pedro Claudio Rodríguez
Telefax (054)(011)4372-3336
Celular (15) 4444-9236

IMPRESO EN ARGENTINA

I.S.B.N 950-553-064-1

INDICE GENERAL

CAPÍTULO 1

GENERACION DE TENSIONES ALTERNAS SENOIDALES

1.1 Funciones senoidales 1
1.2 Inducción electromagnética 2
1.3 Generador elemental de corriente alterna 2
1.4 Corriente alterna 4
1.4.1 Representación de funciones senoidales por vectores y números complejos 4
1.4.2 Diagramas fasoriales 5
1.4.3 Resistores 6
1.4.4 Inductores 8
1.4.5 Capacitores 9
1.5 Agrupamiento de impedancias 10
1.5.1 Conexión en serie de resistor, inductor y capacitor 10
1.5.2 Conexión en paralelo 11
Ejercicio N° 1 12
Ejercicio N° 2 13

CAPÍTULO 2

POTENCIA EN CIRCUITOS MONOFASICOS

2.1 Generalidades 15
2.2 Elementos pasivos 16
2.3 Potencia instantánea 16
2.3.1 Resistor puro 17
2.3.2 Inductor puro 18
2.3.3 Capacitor puro 19
2.4 Potencia reactiva 19
2.5 Potencia aparente 20
2.6 Factor de potencia 20
2.7 Potencia compleja 21
2.8 Máxima transferencia de potencia 22
2.8.1 Valor de la potencia máxima transferida 23
2.8.2 Rendimiento para potencia máxima transferida 23
2.9 Compensación del factor de potencia 24
Ejercicio N° 1 25
Ejercicio N° 2 26

CAPÍTULO 3

SISTEMAS DE CORRIENTE ALTERNA TRIFASICOS

3.1 Introducción ... 29
3.2 Fuentes trifásicas ... 29
3.3 Conexión en estrella y triángulo ... 32
3.3.1 Generador ... 32
3.3.2 Receptor ... 33
3.4 Tensiones y corrientes. Definición ... 33
3.5 Denominación de las redes ... 34
3.6 Generador perfecto ... 34
3.7 Secuencia ... 34
3.8 Relación entre tensiones de sistemas perfectos ... 35
3.9 Receptor conectado en estrella ... 36
3.9.1 Receptor equilibrado con conductor neutro ... 36
3.9.2 Receptor desequilibrado con neutro ... 39
3.9.3 Receptor desequilibrado sin neutro ... 39
3.10 Receptor conectado en triángulo ... 41
3.10.1 Receptor equilibrado ... 41
3.10.2 Receptor desequilibrado ... 42
Ejercicio N° 1 ... 43
Ejercicio N° 2 ... 45

CAPÍTULO 4

POTENCIA EN SISTEMAS DE CORRIENTE ALTERNA TRIFASICOS

4.1 Introducción ... 47
4.2 Receptor en estrella ... 47
4.3 Receptor en triángulo ... 48
4.4 Potencia trifásica instantánea ... 49
4.5 Mejoramiento del factor de potencia en redes trifásicas ... 49
4.5.1 Capacitores conectados en estrella ... 50
4.5.2 Capacitores conectados en triángulo ... 50
4.6 Medición de potencia activa en sistemas trifásicos ... 51
4.7 Receptor equilibrado ... 53
4.7.1 Potencia activa ... 53
4.7.2 Potencia reactiva ... 57
Ejercicio N° 1 ... 57
Ejercicio N° 2 ... 58

CAPITULO 1

GENERACION DE TENSIONES ALTERNAS SENOIDALES

1.1 Funciones senoidales

Los sistemas actuales de generación de energía eléctrica, presentan una característica senoidal, cuya forma genérica para una fuente de tensión es la que se muestra en la figura 1.1.

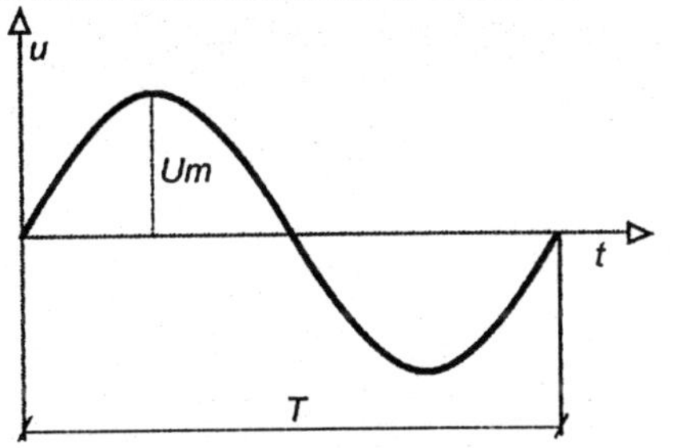

Figura 1.1 Forma de onda senoidal

$$u(t) = Um \operatorname{sen} \omega t$$

Siendo:

- Um Amplitud de la onda senoidal
- ωt Argumento
- ω Frecuencia angular (Radianes por segundo)
- T Período de oscilación

Se define como frecuencia (f) a la cantidad de períodos por segundo, o sea:

$$f = \frac{1}{T} \text{ [Hz]} \quad \text{Ciclos por segundo ó Hertz}$$

Luego, la frecuencia angular será:

$$\omega = \frac{2 \cdot \pi}{T} = 2 \pi f$$

En el caso en que la función tenga un ángulo de fase θ la expresión es la siguiente:

$$u(t) = Um \operatorname{sen} (\omega t + \theta)$$

En esta función, el fenómeno ocurre θ/ω radianes antes, lo cual indica que la misma adelanta a

$$u(t) = Um \operatorname{sen} \omega t$$

según se muestra en la figura 1.2.

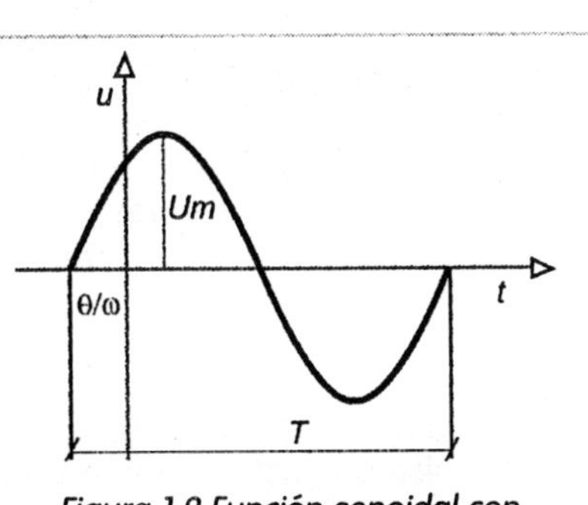

Figura 1.2 Función senoidal con ángulo de fase inicial

1.2 Inducción electromagnética

En todo conductor que se mueve a través de un campo magnético, se induce una fuerza electromotriz de acuerdo a la ***Ley de Faraday***. En la figura 1.3 está dibujado un conductor en movimiento a través de un campo magnético, el cual se ha representado por sus dos "*polos magnéticos*" norte (N) y sur (S).

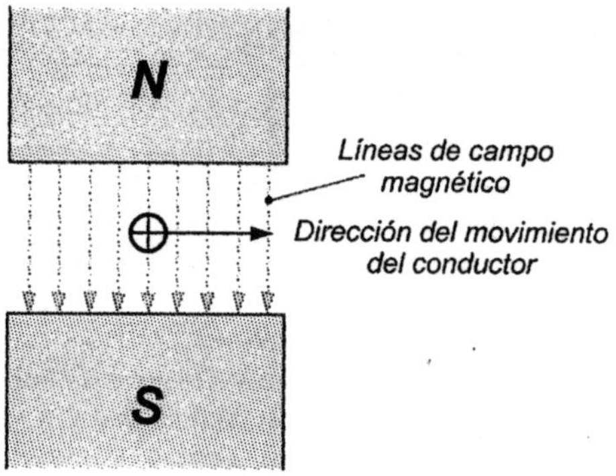

Figura 1.3 Movimiento de un conductor dentro de un campo magnético

El sentido de dicha fuerza electromotriz, es tal que la corriente que genera, provoca un campo magnético alrededor de dicho conductor, cuyo efecto es el de oponerse a la causa que lo creó.

En el esquema podemos observar que la fuerza electromotriz inducida, tiene sentido entrante al plano del dibujo, lo que provoca una fuerza en el conductor que se opone al sentido del movimiento.

Dicho sentido se puede obtener de la siguiente forma práctica:

Se coloca la palma de la mano derecha en posición tal que reciba el flujo originado por el campo magnético, el pulgar deberá tener el sentido del movimiento y el resto de los dedos nos indica el sentido de la fuerza electromotriz.

El valor de la fuerza electromotriz inducida generada es el siguiente:

$$E = B \cdot l \cdot v = B \cdot l \ \frac{d}{t} = \frac{\Phi}{t} \quad \left(\frac{\text{Flujo magnético}}{\text{tiempo}}\right)$$

Donde:

- B : *Inducción magnética en [Tesla]*
- l : *Longitud del conductor bajo la acción del campo magnético [metros]*
- v : *Velocidad de desplazamiento del conductor [metros/segundo]*
- d : *Distancia recorrida por el conductor en un tiempo "t" [metros]*
- Φ : *Valor del flujo magnético [Weber]* $\Phi = B \,.\, d \,.\, l$

1.3 Generador elemental de tensión alterna

En la figura 1.4, se ha dibujado un generador elemental de corriente alterna.

El mismo consta de un imán permanente ó electroimán, el cual produce un campo magnético constante, representado por su flujo (Φ).

Entre ambos polos (Norte-Sur), se coloca una bobina de "N" espiras, mon-

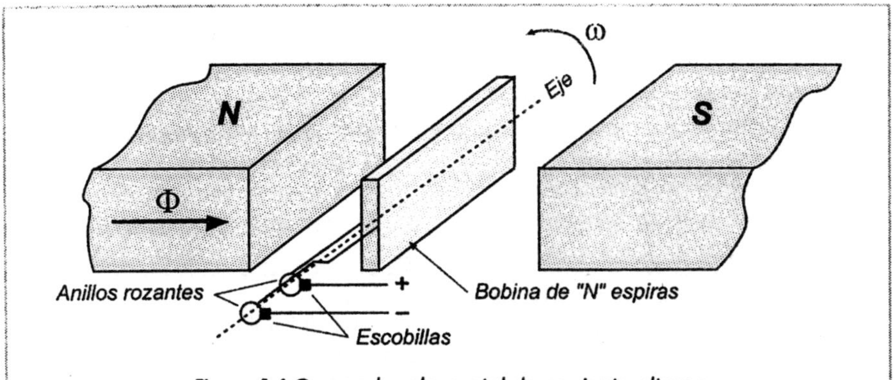

Figura 1.4 Generador elemental de corriente alterna

tada sobre un eje , al cual se le impone un movimiento giratorio constante por medio de una máquina impulsora (Motor diesel, turbina de vapor, gas, etc.).

Los terminales de dicha

fijos al eje (Aislados eléctricamente entre si y del eje), lo cual permite a través de unas escobillas ó carbones, la continuidad eléctrica entre la parte móvil y la fija a la cual se debe llevar la corriente. Si analizamos los fenómenos que ocurren en la bobina en cuestión a lo largo de un giro completo observamos:

a) En la posición del dibujo la bobina tiene su eje magnético coincidente con el eje magnético del imán, por lo cual el flujo concatenado por la misma es máximo.
b) Al comenzar a girar la bobina, el flujo concatenado va disminuyendo hasta hacerse cero, después de rotar un ángulo de 90°.
c) Continuando en su giro las bobina vuelve a concatenar nuevamente flujo pero en sentido contrario.
d) Cuando completa un giro de 180° vuelven a estar los ejes magnéticos en la misma dirección con lo cual el flujo concatenado vuelve a ser máximo pero en sentido contrario al inicial.
e) A partir de este instante vuelve a disminuir el flujo hasta hacerse cero cuando completa un giro de 270°.
f) Desde esta posición la bobina vuelve a concatenar flujo en el sentido inicial, hasta hacerse máximo con el giro completo de la misma.

Si analizamos el flujo concatenado para una posición cualquiera de la bobina en estudio, al girar un ángulo α, tal como se observa en el gráfico de la figura 1.5.

$\varphi = \Phi \cos \alpha$ *(Flujo concatenado)*

$\alpha = \omega t$ *(Velocidad angular por tiempo)*

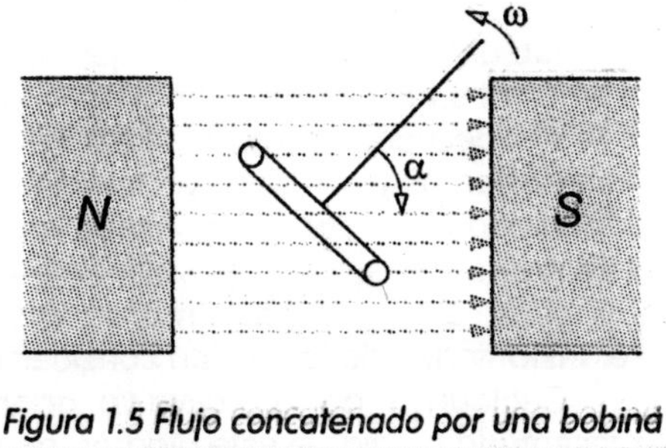

Figura 1.5 Flujo concatenado por una bobina

$$\varphi = \Phi \cos \omega t$$

La bobina efectúa "f" revoluciones por segundo, siendo "f" la frecuencia, y como cada revolución comprende 360°, su velocidad angular en radianes será:

$$\omega = 2\,\pi\,f$$

De acuerdo a la ley de Faraday-Lenz es :

$$Em = N\,\Phi\,\omega \quad \Rightarrow \quad e = Em \text{ sen } \omega t$$

Lo cual nos lleva a obtener una fuerza electromotriz en los terminales de la bobina cuya variación en el tiempo es senoidal.

Si se representan los valores instantáneos del flujo concatenado por la bobina y la f.e.m. inducida en la misma, vemos que cuando el flujo concatenado es máximo, la f.e.m. inducida pasa por su valor mínimo y cuando es mínimo, la f.e.m. inducida es máxima. Esto nos indica que entre ambos hay un desfasaje de 90°, tal cual se observa en la figura 1.6.

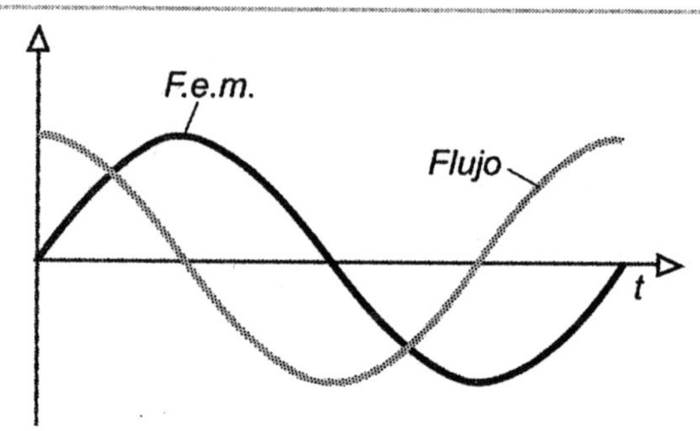

Figura 1.6 Valores instantáneos del flujo concatenado y la fuerza electromotriz inducida

1.4 Corriente alterna

1.4.1 Representación de funciones senoidales por vectores y números complejos

Sea una magnitud cualquiera, por ejemplo una tensión de las siguientes características:

$$u(t) = Um \text{ sen } (\omega t + \theta)$$

Tomemos ahora un par de ejes ortogonales a-b, de acuerdo con la figura 1.7. Tracemos al origen y con un ángulo θ respecto de la horizontal, un vector que en la escala adecuada represente la amplitud *Um* de la función.

Hagamos girar dicho vector, alrededor del origen de coordenadas y con una velocidad angular ω, en sentido antihorario. Al cabo de un tiempo "t" dicho vector habrá llegado a la posición $\omega t + \theta$. Si tomamos la proyección de dicho vector sobre el eje vertical, la misma estará representando a través del tiempo el valor instantáneo de la función considerada.

Cualquier magnitud cuya variación en el tiempo sea senoidal, puede ser representada mediante este diagrama de "***Vectores armónicos***".

Si se considera el par de ejes sobre un plano complejo, en el cual el eje de abscisas es el real y el eje de ordenadas el imaginario, el vector corresponderá a un número complejo, cuyo módulo es **Um** y su argumento es el ángulo θ, el cual se puede escribir:

$$\mathbf{Um} = Um\ e^{j\theta} = Um \angle \theta$$

En forma exponencial y polar respectivamente, siendo:

$$j = \sqrt{-1}$$

Al estar girando con velocidad angular ω, el vector estará representado por la función:

$$\mathbf{Um} = Um\ e^{j(\omega t + \theta)} = Um \cos(\omega t + \theta) + j\ Um \operatorname{sen}(\omega t + \theta)$$

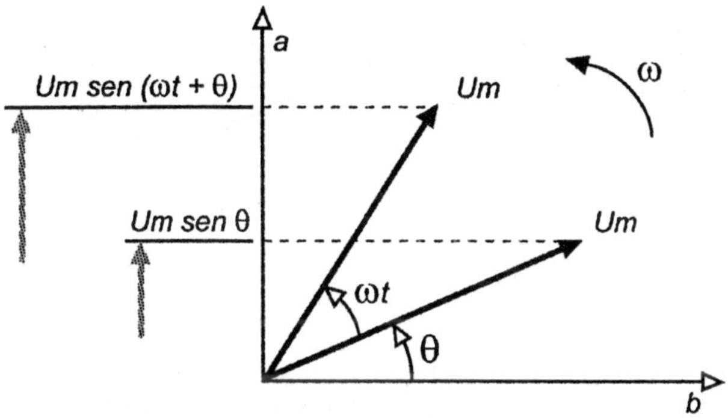

Figura 1.7 Diagrama de vectores armónicos

De aquí observamos, que si trabajamos con una función senoidal debemos tomar la parte imaginaria, ó sea:

$$\mathbf{Um} = Imag.[\ Um\ e^{j(\omega t + \theta)}\ ] = Um \operatorname{sen}(\omega t + \theta)$$

Si en cambio trabajamos con la función coseno, debemos tomar la parte real:

$$\mathbf{Um} = Real\ [Um\ e^{j(\omega t + \theta)}\ ] = Um \cos(\omega t + \theta)$$

1.4.2 Diagramas fasoriales

Si en lugar de utilizar los valores máximos ó amplitud de las funciones, utilizamos los valores "*eficaces*", a dicho diagrama le daremos el nombre de ***Fasorial***. El valor eficaz de una función periódica se define como la raíz cuadrada del valor medio del cuadrado de la función. Si la función es de la siguiente característica:

$u(t) = Um \operatorname{sen}(\omega t + \theta)$ su valor eficaz será:

$$Uef = \sqrt{\frac{1}{T} \int_0^T Um^2 \operatorname{sen}^2 (\omega t + \theta)\, dt}$$

Para una función de características senoidales el valor eficaz de la función es:

$$Uef = \frac{Um}{\sqrt{2}}$$

Un diagrama fasorial muestra la magnitud y el ángulo de fase de cada cantidad fasorial en el plano de los números complejos. Los ángulos se miden en el sentido antihorario y a partir del eje real positivo, y las magnitudes a partir del origen de coordenadas.

Para indicar que el vector que se está analizando es un fasor, se lo identifica: con la letra en ***negrita***, colocándole una raya ó un punto sobre la letra.

$\mathbf{U}$ $\bar{U}$ $\dot{U}$

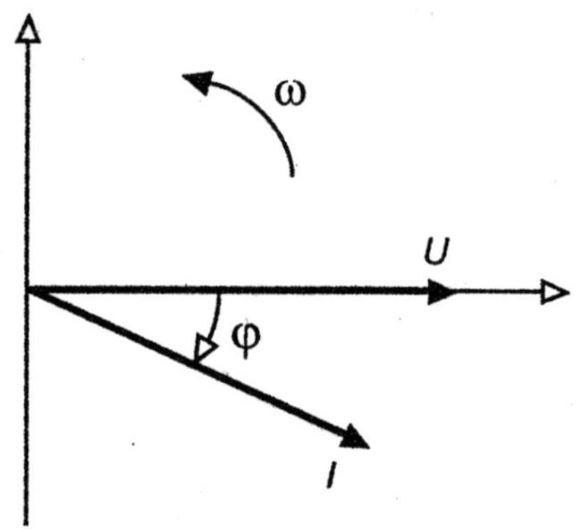

Figura 1.8 Diagrama de fasores

Tomemos por ejemplo dos funciones como las siguientes:

$u(t) = Um \text{ sen } \omega t$ y:

$i(t) = Im \text{ sen } (\omega t - \varphi)$

Vemos que la segunda atrasa un ángulo "φ" a la primera, por lo tanto su representación fasorial con sus valores eficaces "***U***" e "***I***", es el dibujado en la figura 1.8.

1.4.3 Resistores

Al aplicar una tensión alterna senoidal sobre un resistor puro, la corriente que circula por el mismo será de acuerdo a la ***ley de Ohm***:

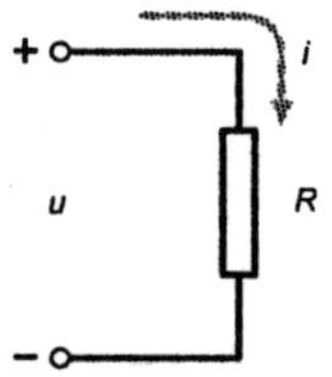

$u(t) = Um \text{ sen } \omega t$

$i(t) = u(t)/R$

$$i(t) = \frac{Um}{R} \text{ sen } \omega t$$

Ambos valores están en fase y su representación instantánea y fasorial es la dibujada en la figura 1.9.

A los efectos de no trabajar con los valores instantáneos de la corriente y la tensión, se define el valor eficaz de los mismos.

El valor eficaz de la corriente alterna es igual numéricamente a la intensidad de una corriente continua tal que, en un intervalo de tiempo igual a un período, libera en una resistencia una cantidad de calor igual a la que libera la corriente alterna.

El calor producido en una resistencia por efecto Joule está dado por:

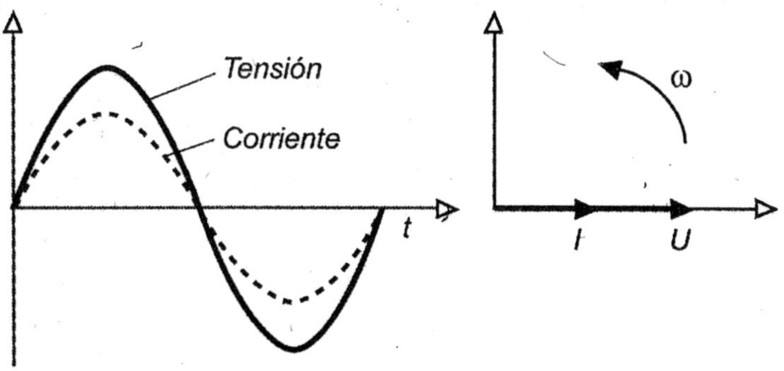

Figura 1.9 Diagrama de valores instantáneos y fasorial correspondiente a carga óhmica pura

$$P_{CC} = I_{CC}^2 R$$

En corriente alterna el valor instantáneo de la potencia es:

$$p_{ca} = (Im\ sen\ \omega t)^2 R = Im^2\ sen^2\ \omega t\ R$$

Como: $sen^2\ \omega t = ½\ (1 - cos\ 2\omega t)$; *nos quedará:*

$$p_{ca} = (R\ Im^2/2)\ (1 - cos\ 2\omega t)$$

El gráfico correspondiente se observa en la figura 1.10.

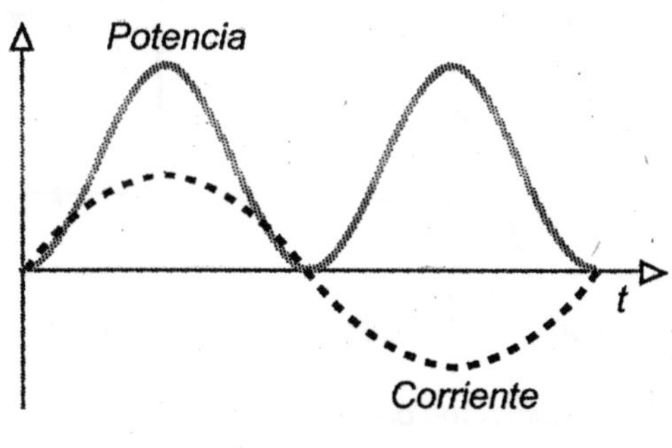

Figura 1.10 Valores instantáneos de la potencia sobre un resistor

Se hace notar que la función potencia en corriente alterna es de frecuencia doble de la corriente que circula. La potencia media se obtiene hallando el valor medio de la expresión de pca ó sea el área bajo la curva de pca y dividiéndola por el período, siendo su valor:

$$pca = \frac{R \cdot Im^2}{2} \quad Luego:$$

$$I_{CC}^2\ R = \frac{R \cdot Im^2}{2} \quad De\ aquí: \quad I_{CC}^2 = \frac{Im^2}{2}$$

Siendo su valor eficaz: $Ief = \sqrt{\frac{Im^2}{2}} = \frac{Im}{\sqrt{2}}$

1.4.4 Inductores

En un inductor ideal, por el cual circula una corriente de valor:

$$i(t) = Im \ sen \ \omega t$$

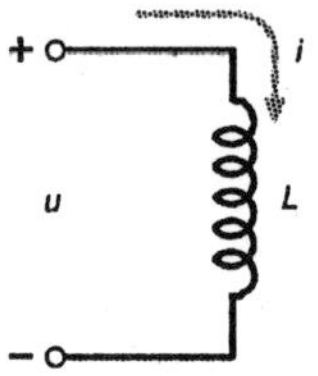

Aparecerá en sus bornes una tensión cuyo valor estará dado por:

$$u(t) = L \frac{di}{dt} \qquad (L: \text{Autoinducción en Henry})$$

$$u(t) = L \cdot Im \cdot \omega \cdot \cos \omega t = Im \cdot L \cdot \omega \cdot sen \,(\omega t + \frac{\pi}{2})$$

Llamaremos a: $\omega L = X_L$ Reactancia inductiva [Ω]

$$Um = Im \ X_L$$

Observamos que la tensión tiene un adelanto de 90°, con respecto a la corriente, con lo que sus diagramas de valores instantáneos y fasoriales son los dibujados en la figura 1.11.

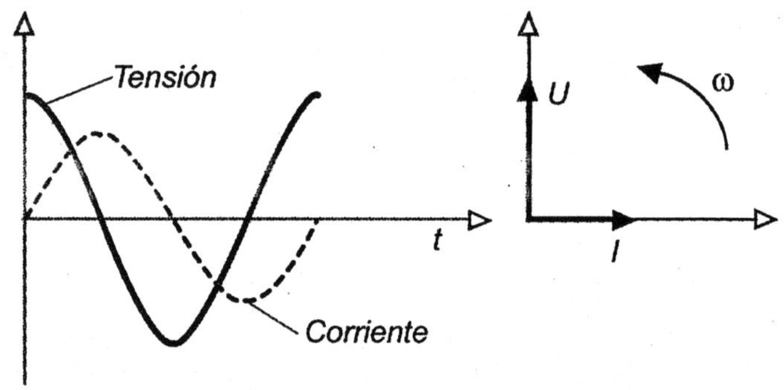

Figura 1.11 Diagrama de valores instantáneos y fasoriales correspondientes a carga inductiva pura

Las relaciones entre los valores eficaces está dado por:

$$U = X_L \ I$$

Si tenemos en cuenta estos valores como fasores:

$$\mathbf{U} = \omega \, L \, \mathbf{I} \, e^{j\pi/2} = j \, \omega \, L \, \mathbf{I} \qquad e^{j\pi/2} = j$$

O sea que la multiplicación por "j" hace girar el vector un ángulo de 90° en el sentido antihorario, con lo que nos queda expresado matemáticamente el desfasaje de 90° entre un fasor y el otro. Por lo tanto, para dejar expresado este desfasaje que se produce en un inductor, asociaremos "j" a su reactancia y al conjunto lo llamaremos impedancia inductiva :

$$Z_L = j\,X_L \quad [\Omega]$$

1.4.5 Capacitores

En un capacitor ideal al cual le aplicamos una tensión: $u(t) = Um \; sen \; \omega t$, la corriente que circulará por el mismo estará dada por:

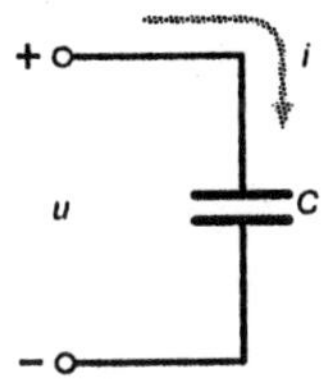

$$i(t) = C\frac{du}{dt} \qquad C \text{ (Capacidad en Faradios)}$$

$$i(t) = C \cdot Um \cdot \omega \cdot \cos \omega t = Um \cdot \omega \cdot C \cdot sen\,(\omega t + \frac{\pi}{2})$$

$$\text{Lamaremos a: } \frac{1}{\omega C} = Xc \quad \text{Reactancia capacitiva } [\Omega]$$

$$Im = \frac{Um}{Xc}$$

En este caso la corriente tiene un adelanto de 90° con respecto a la tensión, lo que se observa en los diagramas de la figura 1.12.

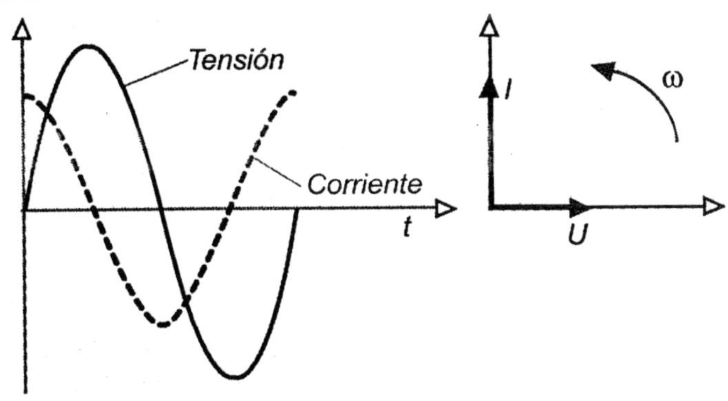

Figura 1.12 Diagrama de valores instantáneos y fasorial correspondiente a carga capacitiva pura

Lo cual se toma en cuenta en el cálculo fasorial

$$\boldsymbol{I} = \frac{\boldsymbol{U}}{Xc} e^{-i\frac{\pi}{2}} = \frac{\boldsymbol{U}}{-j\,Xc}$$

Llamaremos a $\boldsymbol{Zc} = -\,j\,Xc$ Impedancia capacitiva $[\Omega]$

1.5 Agrupamiento de impedancias

1.5.1 Conexión en serie de resistor, inductor y capacitor

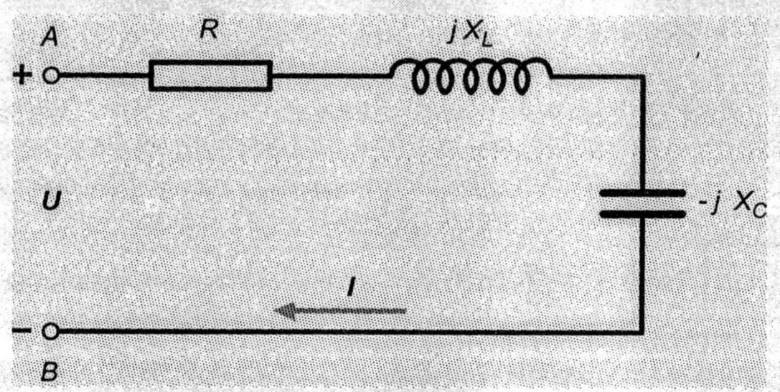

Figura 1.13 Agrupamiento de impedancias en serie

Conectando una impedancia a continuación de la otra, efectuamos una conexión que se denomina "*serie*", según se observa en la figura 1.13. Si a este agrupamiento le aplicamos una tensión **U** circulará una corriente ***I***, que es la misma en cada elemento. Las caídas de tensión en cada elemento están dadas por:

$$\mathbf{U}_R = R\,\mathbf{I} \quad ; \quad \mathbf{U}_L = j\,X_L\,\mathbf{I} \quad \text{y} \quad \mathbf{U}_C = -\,j\,X_C\,\mathbf{I}$$

De acuerdo a la segunda ***ley de Kirchhoff***, la tensión aplicada será igual a la suma fasorial de las tensiones parciales. Luego:

$$\mathbf{U} = \mathbf{U}_R + \mathbf{U}_L + \mathbf{U}_C \quad ; \quad \text{y reemplazando nos queda:}$$

$$\mathbf{U} = R\,\mathbf{I} + j\,X_L\,\mathbf{I} - j\,X_C\,\mathbf{I} = \mathbf{I}\,(R + j\,X_L - j\,X_C) = \mathbf{I}\,[R + j\,(X_L - X_C)]$$

El término $R + j\,(X_L - X_C)$ es la impedancia equivalente entre los terminales A-B

$$\mathbf{Z} = R + j\,(X_L - X_C) \quad ; \quad \mathbf{I} = \mathbf{U}/\mathbf{Z}$$

Esta impedancia equivalente tiene un módulo dado por :

$$|Z| = \sqrt{R^2 + (X_L - X_C)^2}$$

y un ángulo determinado por: $\varphi = Arc\ tg\ (\dfrac{X_L - X_C}{R})$

La representación vectorial de la impedancia se puede observar en el gráfico de la figura 1.14.

De acuerdo a los valores de X_L ó X_C la impedancia resultante tendrá características "*óhmico inductivas*" u "*óhmico capacitivas*". En el gráfico se ha representado una impedancia en la que prepondera la reactancia inductiva.

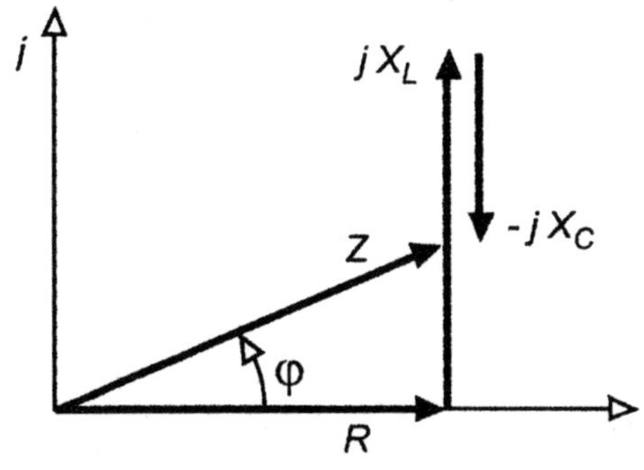

Figura 1.14 Diagrama vectorial de impedancias

1.5.2 Conexión en paralelo

En este tipo de conexión todos los elementos reciben la misma tensión según se observa en la figura 1.15.

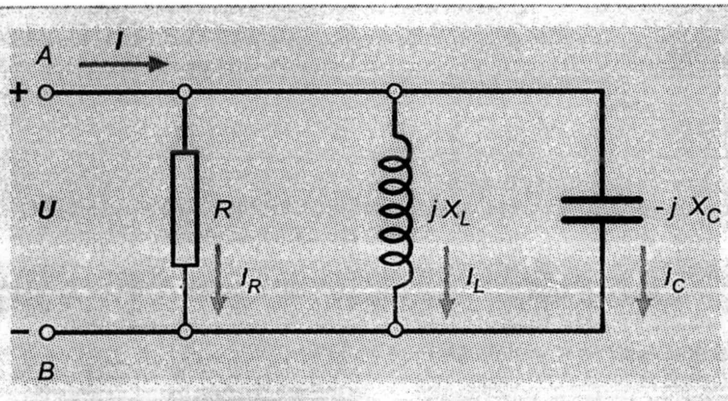

Figura 1.15 Impedancias conectadas en paralelo

Las corrientes que circularán por cada elemento tendrán los siguientes valores:

$$\boldsymbol{I_R} = \frac{\boldsymbol{U}}{R} \qquad \boldsymbol{I_L} = \frac{\boldsymbol{U}}{jX_L} \qquad \boldsymbol{I_C} = \frac{\boldsymbol{U}}{-jX_C}$$

La corriente total está dada por la suma fasorial de las corrientes en cada elemento:

$\boldsymbol{I} = \boldsymbol{I}_R + \boldsymbol{I}_L + \boldsymbol{I}_C$; Que reemplazando sus valores nos queda:

$$\boldsymbol{I} = \frac{\boldsymbol{U}}{R} + \frac{\boldsymbol{U}}{jX_L} + \frac{\boldsymbol{U}}{-jX_C} = \boldsymbol{U}\left(\frac{1}{R} + \frac{1}{jX_L} + \frac{1}{-jX_C}\right)$$

Si llamamos: $\frac{1}{R} = G$ *Conductancia [Siemens]*

$\frac{1}{j\,X_L} = -j\,B_L$ *Susceptancia inductiva [Siemens]*

$\frac{1}{-j\,X_C} = j\,B_C$ *Susceptancia capacitiva [Siemens]*

$\mathbf{I} = \mathbf{U}\,(G - j\,B_L + j\,B_C)$; *Siendo la admitancia del circuito:*

$\mathbf{Y} = G - j\,B_L + j\,B_C$ *(Inversa de la impedancia equivalente)*

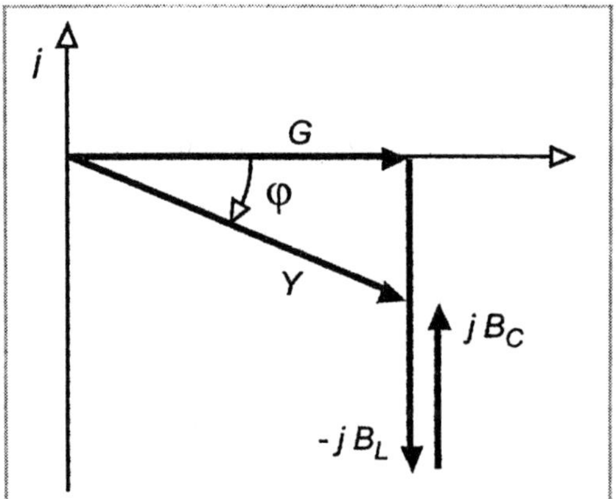

Figura 1.16 Diagrama vectorial de admitancias

$\mathbf{I} = \mathbf{U}\,.\,\mathbf{Y}$

Su representación gráfica es la de la figura 1.16.

$$|Y| = \sqrt{G^2 + (B_C - B_L)^2}$$

$$\varphi = Arc\,tg\,\frac{(B_C - B_L)}{G}$$

Ejercicio N° 1: Para el circuito de la figura hallar el valor de la corriente, las tensiones y dibujar el fasorial correspondiente.

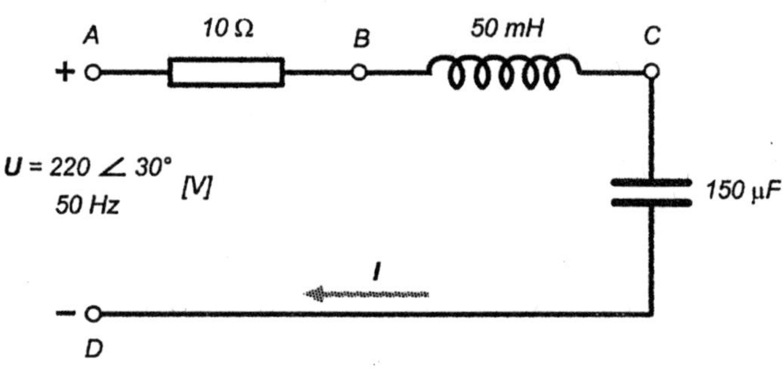

$$X_L = \omega\,L = 2\pi.\,50\,.\,50\,.\,10^{-3} = 15{,}71\;\Omega$$

$$X_C = {}^{1}/_{\omega C} = {}^{10^6}/_{2\pi\,.\,50\,.\,150} = 21{,}22\;\Omega$$

$$Z = R + j\,X_L - j\,X_C = 10 + j\,15{,}71 - j\,21{,}22 = 10 - j\,5{,}51 = 11{,}42\ \angle -28{,}85\ \Omega$$

$$\mathbf{I} = \frac{\mathbf{U}}{\mathbf{Z}} = \frac{220\ \angle\ 30°}{11{,}42\ \angle -28{,}85°} = 19{,}26\ \angle\ 58{,}85° \quad [A]$$

$$\mathbf{U}_{AB} = R \cdot \mathbf{I} = 10 \cdot 19{,}26\ \angle\ 58{,}85° = 192{,}6\ \angle 58{,}85° \quad [V]$$

$$\mathbf{U}_{BC} = j\,\mathbf{X}_L \cdot \mathbf{I} = 15{,}71\ \angle\ 90° \cdot 19{,}26\ \angle\ 58{,}85° = 302{,}57\ \angle\ 148{,}85° \quad [V]$$

$$\mathbf{U}_{CD} = -j\,\mathbf{X}_C \cdot \mathbf{I} = 21{,}12\ \angle -90° \cdot 19{,}26\ \angle\ 58{,}85° = 408{,}7\ \angle -31{,}15° \quad [V]$$

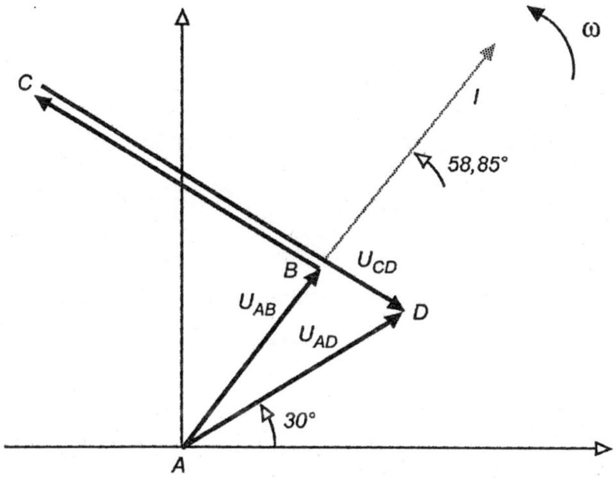

Ejercicio N° 2: Para el circuito de la figura hallar el valor de las corrientes y tensiones y dibujar el fasorial correspondiente.

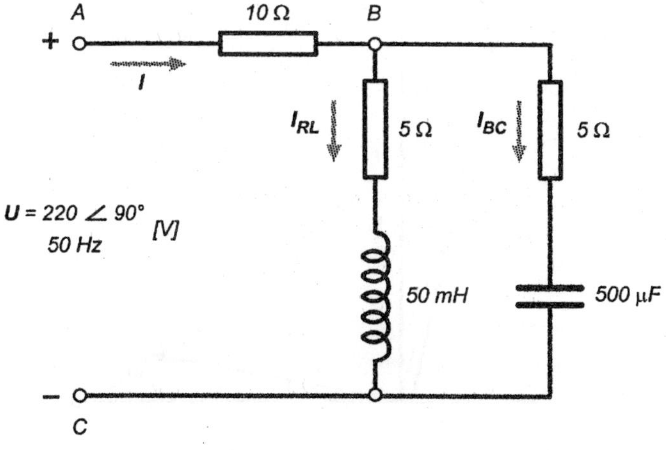

$$X_L = \omega L = 2\pi 50 \,.\, 50 \,.\, 10^{-3} = 15{,}7\ \Omega$$

$$X_C = 1/\omega C = 10^6/2\pi 500 = 6{,}37\ \Omega$$

$\mathbf{Z}_{RC} = 5 - j\,6{,}37 = 8{,}1 \angle -51{,}87°\ \Omega$ $\quad\quad$ $\mathbf{Y}_{RC} = 1/\mathbf{Z}_{RC} = 0{,}123 \angle 51{,}87°\ S$

$\mathbf{Z}_{RL} = 5 + j\,15{,}7 = 16{,}48 \angle 72{,}33°\ \Omega$ $\quad\quad$ $\mathbf{Y}_{RL} = 1/\mathbf{Z}_{RL} = 0{,}061 \angle -72{,}33°\ S$

$$\mathbf{Y}_{BC} = \mathbf{Y}_{RC} + \mathbf{Y}_{RL} = 0{,}076 + j\,0{,}097 + 0{,}019 - j\,0{,}058 = 0{,}095 + j\,0{,}039$$

$\mathbf{Y}_{BC} = 0{,}103 \angle 22{,}32°\ S$ $\quad\quad$ $\mathbf{Z}_{BC} = 1/\mathbf{Y}_{BC} = 9{,}71 \angle -22{,}32°\ \Omega$

$$\mathbf{Z} = 10 \angle 0° + 9{,}7 \angle -22{,}32° = 10 + 8{,}98 - j\,3{,}69 = 18{,}98 - j\,3{,}69$$

$$\mathbf{Z} = 19{,}34 \angle -11°\ \Omega$$

$$\mathbf{I} = \mathbf{U}/\mathbf{Z} = 220 \angle 90 / 19{,}34 \angle -11° = 11{,}38 \angle 101°\ A$$

$$\mathbf{U}_{BC} = \mathbf{I} \,.\, \mathbf{Z}_{BC} = 11{,}38 \angle 101° \,.\, 9{,}71 \angle -22{,}32° = 110{,}5 \angle 78{,}68°\ V$$

$$\mathbf{I}_{RL} = \mathbf{U}_{BC} \,.\, \mathbf{Y}_{RL} = 110{,}5 \angle 78{,}68° \,.\, 0{,}061 \angle -72{,}33° = 6{,}74 \angle 6{,}35°\ A$$

$$\mathbf{I}_{RC} = \mathbf{U}_{BC} \,.\, \mathbf{Y}_{RC} = 110{,}5 \angle 78{,}68° \,.\, 0{,}123 \angle 51{,}87° = 13{,}59 \angle 130{,}55°\ A$$

$$\mathbf{U}_{AB} = 10 \angle 0° \,.\, 11{,}38 \angle 101° = 113{,}8 \angle 101°\ V$$

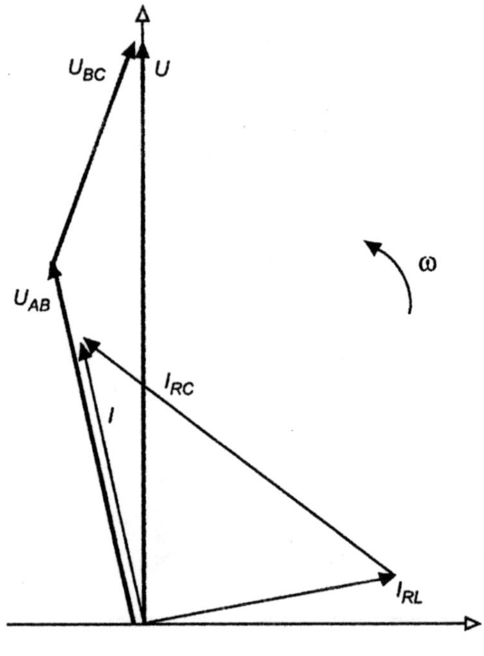

CAPITULO 2

POTENCIA EN CIRCUITOS MONOFASICOS

2.1 Generalidades

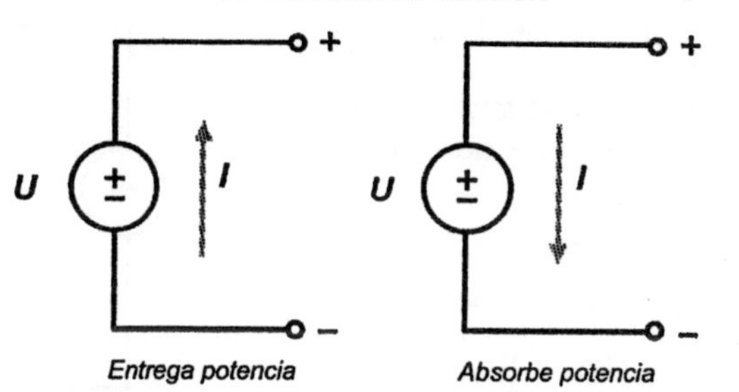

Figura 2.1 Esquemas para determinar el sentido de flujo de potencia en fuentes de tensión

En todo circuito eléctrico es de suma importancia determinar la potencia que se genera y que se absorbe. Todo aparató eléctrico tiene una capacidad para transformar energía eléctrica en otro tipo de energía (Eléctrica, calorífica, mecánica, etc.), lo cual hace que el cálculo de la potencia asociada sea de suma importancia. La potencia instantánea está dada por el producto del voltaje instantáneo por la corriente instantánea.

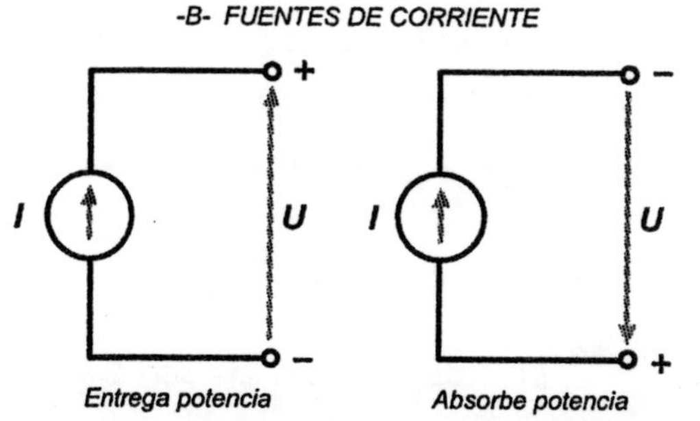

Figura 2.2 Esquemas para determinar el sentido de flujo de potencia en fuentes de corriente

A los efectos de definir si la potencia es entregada ó absorbida por el elemento en estudio, adoptaremos la siguiente convención de acuerdo a los diagramas de la figura 2.1 y 2.2.

2.2 Elementos pasivos

El resistor es un elemento que absorbe energía y la transforma en forma irreversible. El inductor y el capacitor son elementos que tienen capacidad de acumular energía en forma de campo magnético y eléctrico, lo que permite que absorban ó entreguen energía durante pequeños lapsos de tiempo.

2.3 Potencia instantánea

Si analizamos la potencia instantánea entregada por una fuente de tensión senoidal a un elemento de un circuito, conformado por un resistor y un inductor como se muestra en la figura 2.3, el valor de la misma esta dado por:

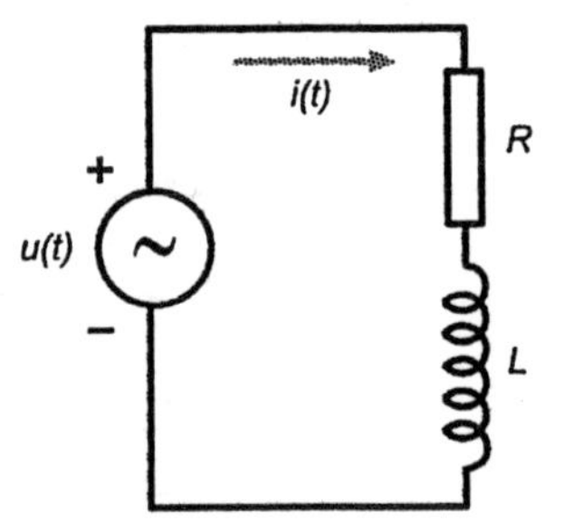

Figura 2.3 Circuito compuesto por una resistencia y un inductor en serie

$$p(t) = u(t)\ .\ i(t) \qquad \text{Siendo :}$$

$$u(t) = Um\ sen\ \omega t$$

$$Im = \frac{Um}{\sqrt{R^2 + \omega^2 \cdot L^2}}$$

$$\varphi = Arc\ tg\ \frac{\omega \cdot L}{R}$$

$$i(t) = Im\ sen\ (\omega t - \varphi)$$

$$p(t) = Um\ sen\ \omega t\ .\ Im\ sen\ (\omega t - \varphi)$$

De acuerdo a la siguiente identidad trigonométrica :

$sen\ (\omega t - \varphi) = sen\ \omega t\ cos\ \varphi - cos\ \omega t\ sen\ \varphi$; con lo que nos queda:

$$p(t) = Um\ Im\ sen\ \omega t\ (sen\ \omega t\ cos\ \varphi - cos\ \omega t\ sen\ \varphi)$$

$$p(t) = Um\ Im\ (sen^2\ \omega t\ \ cos\ \varphi - sen\ \omega t\ cos\ \omega t\ sen\ \varphi)$$

$$sen^2\ \omega t = \frac{(1 - cos\ 2\ \omega t)}{2}$$

$$sen\ \omega t \cdot cos\ \omega t = \frac{sen\ 2\ \omega t}{2}$$

$$p(t) = \frac{Um \cdot Im}{2}\ [(1 - cos\ 2\ \omega t)\ cos\ \varphi - sen\ 2\ \omega t \cdot sen\ \varphi]$$

De acuerdo a la definición de valores eficaces esta ecuación quedará:

$$p(t) = U.I \cos \varphi - U.I \cos 2\omega t \cos \varphi - U.I \operatorname{sen} 2\omega t \operatorname{sen} \varphi$$

De la cual podemos analizar lo siguiente:

a) El primer término de la ecuación es constante y representa el valor medio de la función, ya que los dos términos siguientes al integrarlos en un período, su valor es cero, ó sea que $P = U.I \cos\varphi$ (Potencia media, ó Potencia activa)

b) La frecuencia de la potencia instantánea es dos veces la frecuencia de la corriente ó de la tensión.

En el gráfico de la figura 2.4 vemos superpuestos los valores de tensión, corriente y potencia instantáneos, para un circuito que presenta características *"óhmico-inductivas"*.

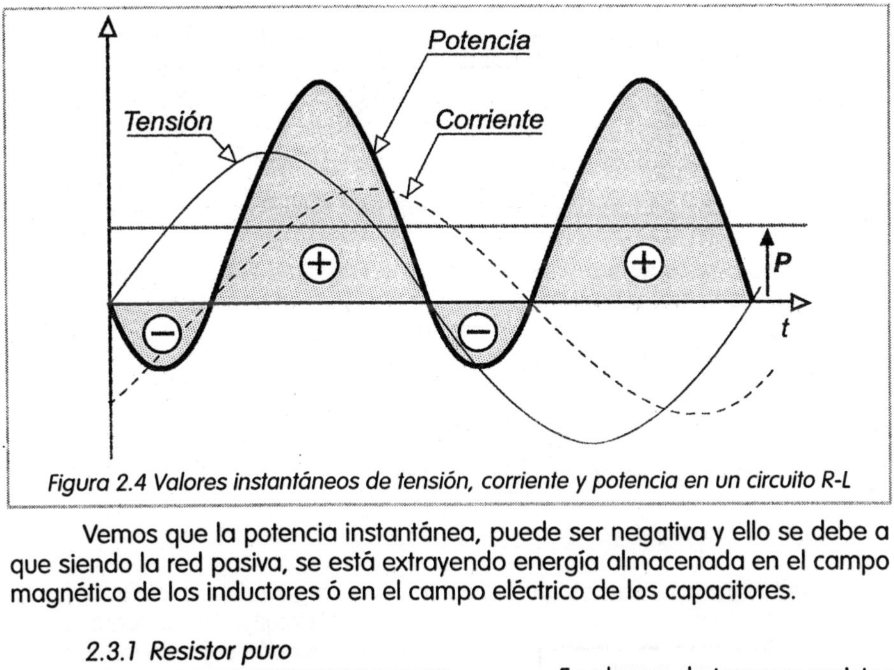

Figura 2.4 Valores instantáneos de tensión, corriente y potencia en un circuito R-L

Vemos que la potencia instantánea, puede ser negativa y ello se debe a que siendo la red pasiva, se está extrayendo energía almacenada en el campo magnético de los inductores ó en el campo eléctrico de los capacitores.

2.3.1 Resistor puro

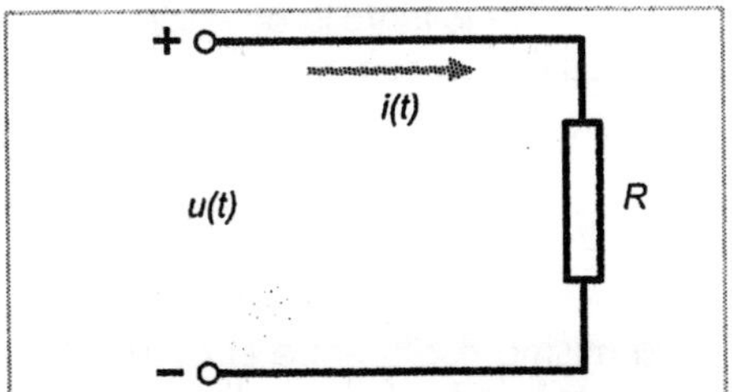

Figura 2.5 Carga resistiva pura

En el caso de tener un resistor puro, según se muestra en la figura 2.5, la tensión y la corriente sobre el mismo están en fase por lo que "$\varphi = 0$", luego, la potencia instantánea toma el siguiente valor:

$$p(t) = U.I \cos \varphi - U.I \cos 2\omega t \cos \varphi$$

$$p(t) = P - P \cos 2\omega t$$

A este valor de potencia se le da el nombre de *"Potencia activa instantánea"*, denominando ***"P"*** a la ***potencia activa***, valor que se utiliza para describir la potencia que se transforma de forma eléctrica a no eléctrica, que en el caso de un resistor , la transformación es a energía térmica.

En el gráfico de la figura 2.6 se observan los valores de tensión, corriente y potencia instantáneos.

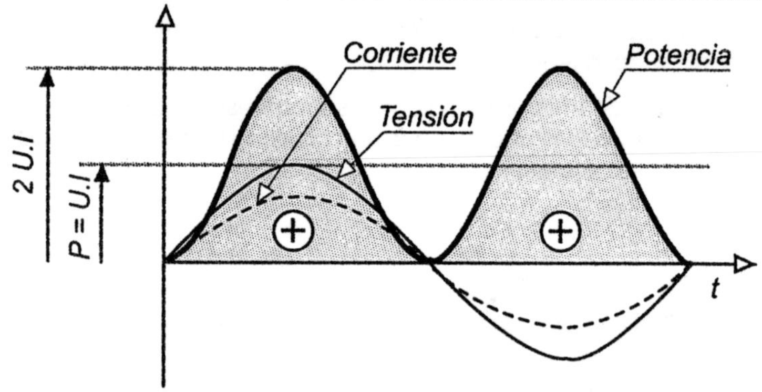

Figura 2.6 Valores instantáneos de tensión, corriente y potencia con carga resistiva pura

Se observa que la potencia instantánea siempre tiene signo positivo, ya que no se puede extraer potencia de una red puramente resistiva.

El valor medio de la potencia está dado por:

$$P = U \cdot I = \frac{U^2}{R} = I^2 \cdot R$$

La unidad que se utiliza es el watt [W]

2.3.2 Inductor puro

En la figura 2.7 vemos un circuito con una carga inductiva pura. Con este tipo de circuito, la corriente atrasa 90° a la tensión sobre la inductancia.

Por lo tanto la potencia instantánea queda como:

$$p(t) = - U.I \operatorname{sen} 2\omega t$$

Vemos que la potencia media tiene valor cero, ó sea que no hay transformación de energía, si no que la misma oscila entre el circuito y la fuente que lo alimenta.

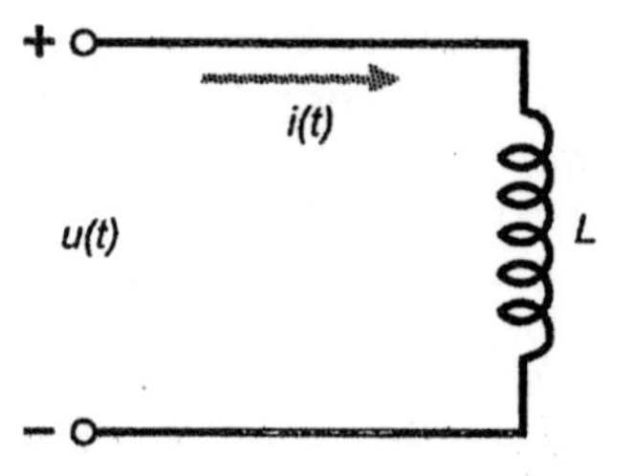

Figura 2.7 Carga inductiva pura

El gráfico de tensión, corriente y potencia instantánea es el de la figura 2.8.

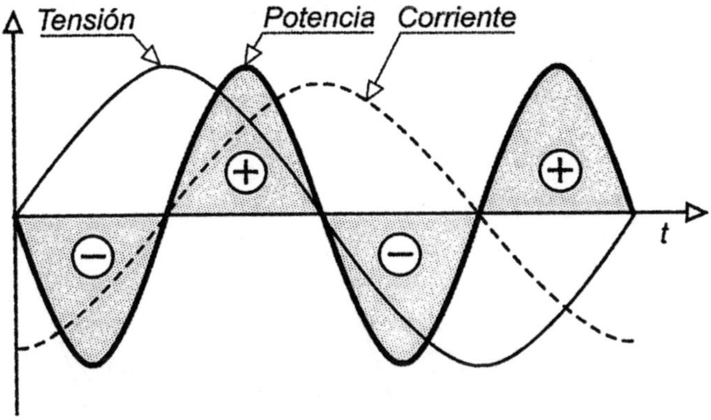

Figura 2.8 Valores instantáneos de tensión, corriente y potencia en un inductor puro

Se observa que durante un cuarto de período, la potencia es positiva, o sea que se almacena en forma de campo magnético en la inductancia y durante el cuarto de período siguiente la potencia es negativa lo cual nos indica que se extrae potencia del campo magnético.

2.3.3 Capacitor puro

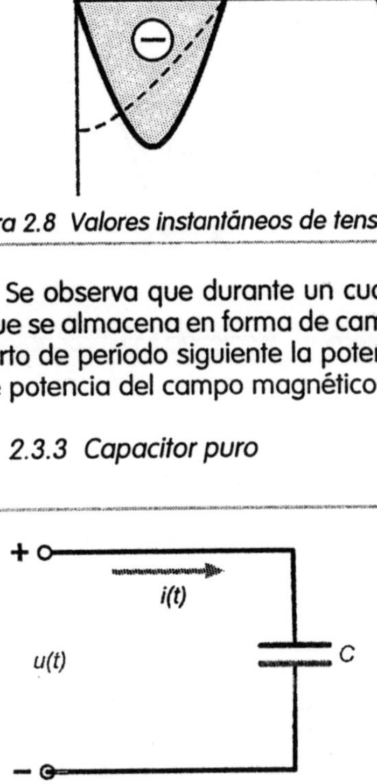

Figura 2.9 Carga capacitiva pura

Sea el circuito con una carga capacitiva pura según la figura 2.9.

En este caso la corriente está adelantada 90° a la tensión sobre el capacitor, con lo que la expresión de la potencia queda:

$$p(t) = U.I \; sen \; 2\omega t$$

Vemos que aquí también la potencia media en un período vale cero, o sea que la potencia oscila entre la fuente que alimenta el circuito y el campo eléctrico asociado con el capacitor. En la figura 2.10 (en la página próxima), vemos los valores instantáneos de tensión, corriente y potencia.

2.4 Potencia reactiva

La potencia asociada a circuitos puramente inductivos ó capacitivos, se denomina "Potencia reactiva", cuya expresión para valores instantáneos está dada por:

$p_R(t) = - U.I \; sen \; \varphi \; sen \; 2\omega t$ Siendo el valor de:

$Q = U.I \; sen \; \varphi$ Potencia reactiva

Tanto la potencia activa "P" como la potencia reactiva "Q", tienen las mismas dimensiones, pero a los efectos de distinguirlas, se utiliza para la potencia reactiva el término VAr (Volt Amper reactivo).

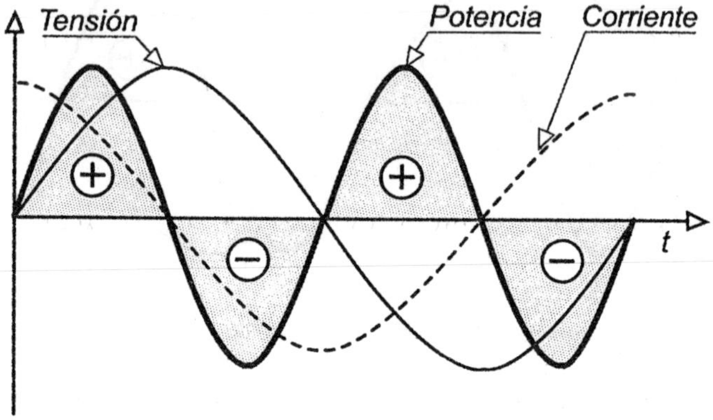

Figura 2.10 Valores instantáneos de tensión, corriente y potencia en un capacitor puro

2.5 Potencia aparente

Todo aparato eléctrico está diseñado para soportar determinados valores de tensión y de corriente. Por tal motivo su dimensionamiento no está dado por la potencia activa (Que depende de la diferencia de fase entre la tensión y la corriente), sino por la *"potencia aparente"*, que está representada por el producto de los valores eficaces de la tensión y de la corriente :

$$S = U.I$$

De aquí surge que la misma corresponde al valor máximo de la potencia activa. Aunque la potencia aparente tiene las mismas dimensiones que las potencias activa y reactiva, para diferenciarla se utiliza para su dimensionamiento el VA (Volt Amper).

2.6 Factor de potencia

El ángulo "φ" me define el desfasaje entre la tensión y la corriente, siendo en atraso para un circuito óhmico inductivo o en adelanto de ser óhmico capacitivo. El coseno de dicho ángulo se denomina ***"Factor de potencia"***. El mismo define la relación que existe entre la potencia activa y reactiva.

De acuerdo a lo visto hasta ahora podemos resumir los valores de las potencias:

$$P = U.I \cos\varphi \ [W] \quad ; \quad Q = U.I \operatorname{sen}\varphi \ [VAr] \quad ; \quad S = U.I \ [VA]$$

$$tg\,\varphi = Q/P \quad ; \quad \cos\varphi = P/S$$

Dado que la potencia activa es la que se transforma en otro tipo de potencia que se aprovecha o utiliza, surge la conveniencia de que en cualquier instalación eléctrica , el factor de potencia sea lo más cercano a la unidad, ya que en ese caso, se logra un mejor aprovechamiento de las instalaciones.

Para un consumo de potencia activa determinada, la corriente es menor a mayor factor de potencia, lo cual permite reducir el tamaño de los conductores alimentadores, así como las instalaciones previstas para alimentar dicho consumo, ya que el valor de la potencia activa se acerca a la potencia aparente, siendo esta última la que determina el dimensionamiento de todo aparato eléctrico.

Siendo que las instalaciones eléctricas trabajan con un valor de tensión constante, podemos ver que si la potencia activa se mantiene constante, la corriente varía de acuerdo a:

$$P = U.I \cos\varphi \quad \Rightarrow \quad I = P/U.\cos\varphi \quad \Rightarrow \quad I = K/\cos\varphi$$

O sea que el valor de la corriente es inversamente proporcional al factor de potencia, llegando a valores muy elevados a medida que el ángulo "φ" tiende a 90°, pudiendo ver dicha tendencia en el gráfico de la figura 2.11.

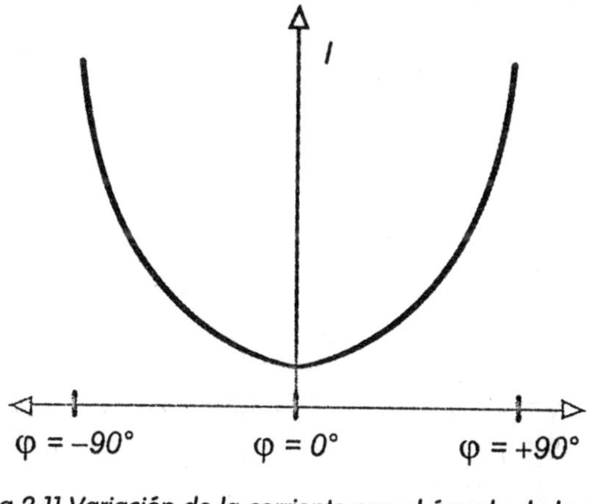

Figura 2.11 Variación de la corriente con el ángulo de la carga

Cabe mencionar que también se verán reducidas las pérdidas por transmisión debido a la resistencia óhmica propia de los conductores ($R.I^2$) , debido a la disminución de la corriente.

2.7 Potencia compleja

La potencia aparente la podemos calcular como la suma compleja de la *potencia activa* (P) y la *reactiva* (Q).

$$S = P + j\,Q$$

Adoptando la convención de que la ***potencia reactiva inductiva tiene signo "positivo"***, podemos definir la potencia aparente compleja como:

$$S = U\,.\,I^*$$

Producto del fasor tensión por el fasor corriente conjugado. De esta forma los gráficos de potencia para los dos tipos de carga mixta son los de la figura 2.12.

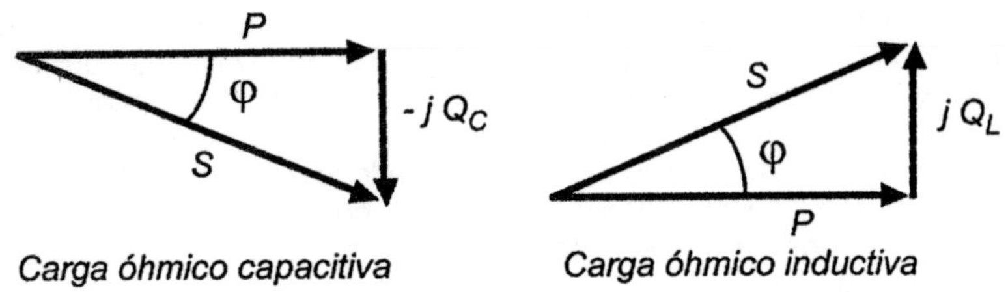

Figura 2.12 Gráficos de potencia

2.8 Máxima transferencia de potencia

En ciertas ocasiones es importante poder suministrar desde una red a una carga la máxima potencia posible, sin que el rendimiento del sistema sea lo mas importante.

Para analizar en que condiciones se verifica esta situación, pasaremos a representar la red, vista desde los terminales de la carga, como una fuente real equivalente de Thevenin, de acuerdo a la figura 2.13.

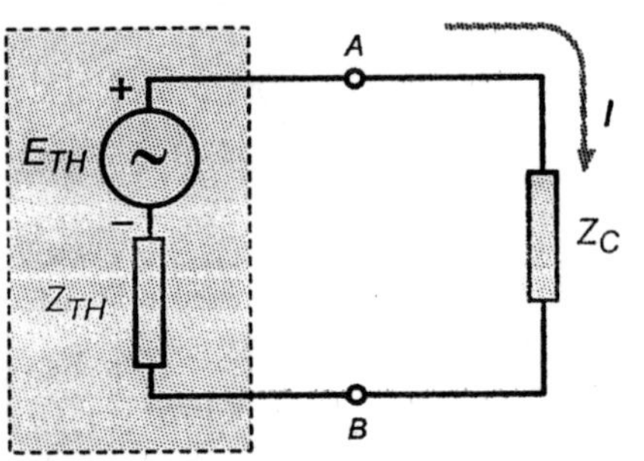

Figura 2.13 Reemplazo de una red de alimentación por una fuente equivalente de Thevenin

E_{TH}	Tensión equivalente de Thevenin
$Z_{TH} = R_{TH} + j\,X_{TH}$	Impedancia equivalente de Thevenin
$Z_C = R_C + j\,X_C$	Impedancia de carga

El valor de la corriente que circula por la carga está dado por:

$$I = \frac{E_{TH}}{\sqrt{(R_{TH} + R_C)^2 + (X_{TH} + X_C)^2}}$$

La potencia suministrada a la carga tiene el siguiente valor:

$P = I^2 R_C$ Reemplazando:

$$P = \frac{E_{TH}^2 \cdot R_C}{(R_{TH} + R_C)^2 + (X_{TH} + X_C)^2}$$

En esta expresión las variables independientes son R_C y X_C, cuyos valores deberán ser tales que hagan máxima la potencia suministrada. A tales efectos se deberá cumplir que:

$\partial P / \partial R_c = 0$ y $\partial P / \partial X_c = 0$; Luego nos queda:

$$\frac{\partial P}{\partial R_C} = \frac{E_{TH}^2 \left[(R_{TH} + R_C)^2 + (X_{TH} + X_C)^2 - 2\, R_C (R_{TH} + R_C) \right]}{\left[(R_{TH} + R_C)^2 + (X_{TH} + X_C)^2 \right]^2}$$

$$\frac{\partial P}{\partial X_C} = \frac{- E_{TH}^2 \cdot 2 \cdot R_C (X_{TH} + X_C)}{\left[(R_{RTH} + R_C)^2 + (X_{TH} + X_C)^2 \right]^2}$$

Para que esta última ecuación sea cero se debe cumplir: $X_C = - X_{TH}$ (1)

y para la primera: $[(R_{TH} + R_C)^2 + (X_{TH} + X_C)^2 - 2\, R_C\, (R_{TH} + R_C)] = 0$

al cumplirse (1) $(R_{TH} + R_C)^2 = 2\, R_C\, (R_{TH} + R_C)$ De aquí: $R_C = R_{TH}$

Con lo obtenemos que la impedancia de carga debe ser conjugada de la impedancia equivalente de Thevenin:

$$\boxed{Z_C = Z^*_{TH}}$$

2.8.1 *Valor de la potencia máxima transferida*

Dado que el circuito presenta una impedancia total óhmica: $Z = R_{TH} + R_C = 2\, R_C$

$$I = \frac{E_{TH}}{2 \cdot R_C}$$

$$P = \frac{E^2{}_{TH} \cdot R_C}{4 \cdot R_C^2} = \frac{E_{TH}^2}{4 \cdot R_C}$$

2.8.2 *Rendimiento para potencia máxima transferida*

$$\eta = \frac{\text{Potencia útil}}{\text{Potencia absorbida}} = \frac{R_C \cdot I^2}{E_{TH} \cdot I} = \frac{R_C \cdot I}{E_{TH}} = \frac{R_C \cdot E_{TH}}{2 \cdot R_C \cdot E_{TH}} = 0{,}50$$

2.9 Compensación del factor de potencia

La mayoría de las cargas industriales presentan un factor de potencia en atraso. Para poder mejorar el factor de potencia de estas cargas se adicionan capacitores a la línea que alimenta a las mismas, lo que se observa en la figura 2.14.

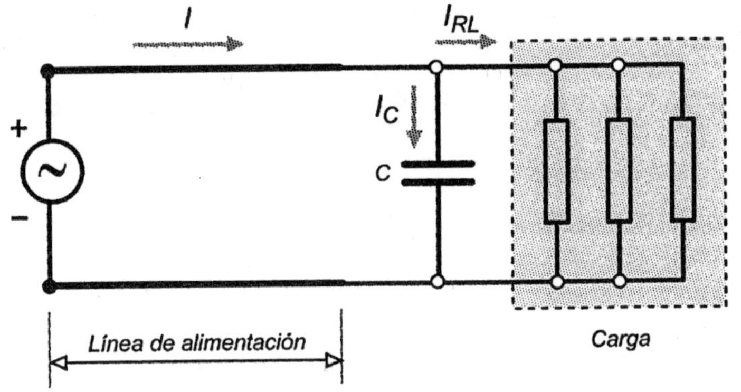

Figura 2.14 agregado de capacitores a un sistema de cargas

En función de las cargas instaladas, tendremos un factor de potencia medio de acuerdo al siguiente cálculo:

$$P_{total} = \sum \text{Potencias activas parciales}$$

$$Q_{total} = \sum \text{Potencias reactivas parciales}$$

$$S_{Total} = \sqrt{P_{Total}^2 + Q_{Total}^2}$$

$$\cos\varphi_m = \frac{P_{Total}}{Q_{Total}}$$

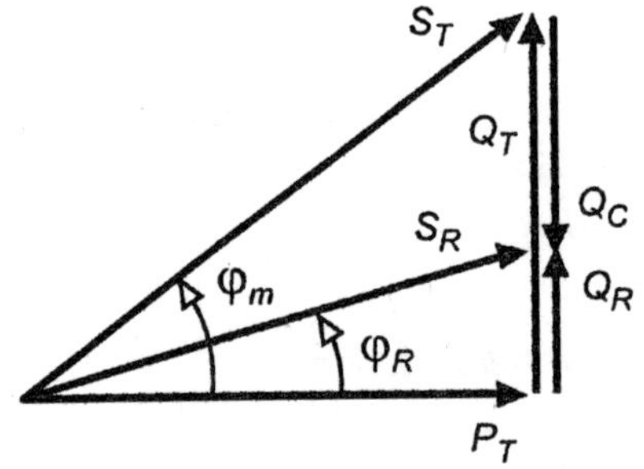

Figura 2.15 Variación de las potencias con el agregado de capacitores

Al adicionar un elemento reactivo, modificamos la potencia reactiva, de forma tal de llegar al valor deseado, y cuyo ángulo llamaremos φ_R.

En el gráfico de la figura 2.15, vemos el diagrama de potencias y como se modifica con el agregado de capacitores en paralelo.

Del gráfico obtenemos:

$$Q_R = Q_T - Q_C \quad \Rightarrow \quad Q_C = Q_T - Q_R$$

$$Q_T = P_T \, tg \, \varphi_m$$

$$Q_R = P_T \, tg \, \varphi_R$$

$$Q_C = P_T \, (tg \, (\varphi_m - tg \, \varphi_R)$$

Como los capacitores se colocan en paralelo con las cargas:

$$Q_C = \frac{U^2}{X_C} = \frac{U^2}{1/\omega \cdot C} \quad \Rightarrow \quad C = \frac{Q_C}{\omega \cdot U^2}$$

$$C = \frac{P\,(tg\,\varphi_m - tg\,\varphi_R)}{\omega\, U^2} \qquad [F]$$

Desde el punto de vista de las corrientes, la corriente que alimenta el sistema se reduce con el agregado de los capacitores mencionados, siendo el esquema fasorial correspondiente el de la figura 2.16.

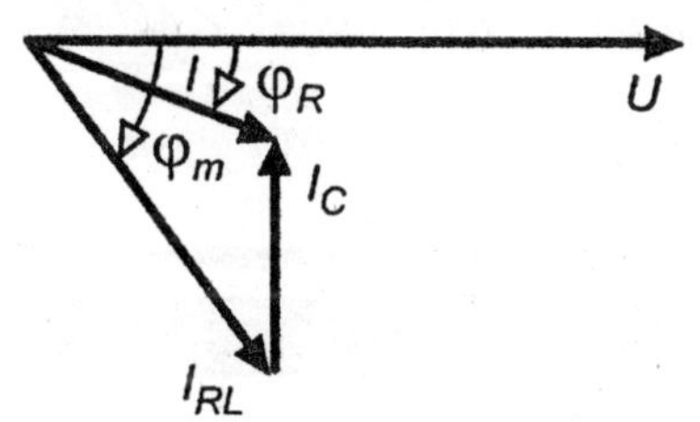

Figura 2.16 Diagrama fasorial resultante del agregado de capacitores en paralelo

Ejercicio N° 1: En el circuito de la figura, hallar el balance de potencias en cada elemento.

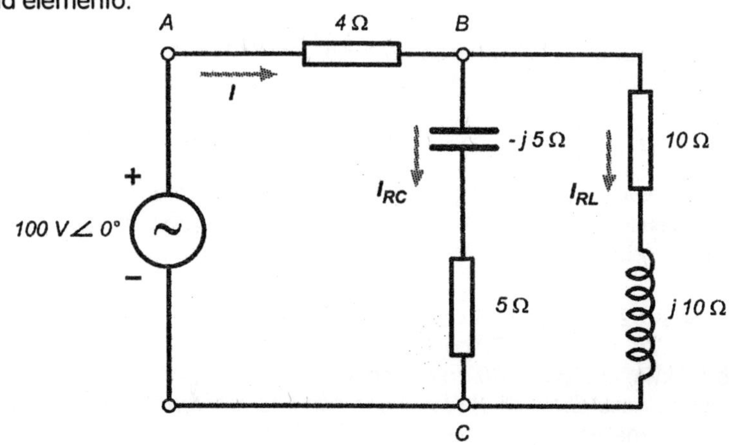

$Z_{RC} = 5 - j\,5 = 7{,}07 \angle -45° \quad \Omega \qquad Y_{RC} = 1/Z_{RC} = 0{,}1 + j\,0{,}1 = 0{,}141 \angle 45° \; S$

$Z_{RL} = 10 + j\,10 = 14{,}14 \angle 45° \; \Omega \qquad Y_{RL} = 1/Z_{RL} = 0{,}05 - j\,0{,}05 = 0{,}0707 \angle -45° \; S$

$Y_{BC} = Y_{RC} + Y_{RL} = 0{,}1 + j\,0{,}1 + 0{,}05 - j\,0{,}05 = 0{,}15 + j\,0{,}05 = 0{,}158 \angle 18{,}44° \; S$

$Z_{BC} = 1/Y_{BC} = 1/0{,}158 \angle 18{,}44° = 6 - j\,2 = 6{,}33 \angle -18{,}44° \; \Omega$

$Z_{AC} = 4 + 6 - j\,2 = 10 - j\,2 = 10{,}20 \angle -11{,}31° \; \Omega$

$$I = \frac{U_{AC}}{Z_{AC}} = \frac{100 \angle 0°}{10{,}20 \angle -11{,}31°} = 9{,}80 \angle 11{,}31°$$

$U_{BC} = Z_{BC} . I = 6{,}33 \angle -18{,}44° \; . \; 9{,}80 \angle 11{,}31° = 62{,}03 \angle -7{,}13° \quad V$

$I_{RC} = U_{BC} . Y_{RC} = 62{,}03 \angle -7{,}13° \; . \; 0{,}141 \angle 45° = 8{,}75 \angle 37{,}87° \quad A$

$I_{RL} = U_{BC} . Y_{RL} = 62{,}03 \angle -7{,}13° \; . \; 0{,}0707 \angle -45° = 4{,}39 \angle -52{,}13° \quad A$

Elemento	Potencia activa [W]	Potencia reactiva [Var]	Cálculo
Resistor de 4 Ω	384,16	---	$R . I^2 = 4 . 9{,}80^2$
Resistor de 10 Ω	192,72	---	$R . I^2_{RL} = 10 . 4{,}39^2$
Resistor de 5 Ω	382,81	---	$R . I^2_{RC} = 5 . 8{,}75^2$
Capacitor	---	-382,81	$X_C . I^2_{RC} = 5 . 8{,}75^2$
Inductor	---	192,72	$X_L . I^2_{RL} = 10 . 4{,}39^2$
Fuente	- 960,97	192,19	$S = - (U . I^*)$

Dado el sentido de la corriente asignado en la fuente la misma entrega potencia por lo tanto en el cálculo de la potencia le asignaremos signo negativo.

$$S = - U . I^* = - (100 \angle 0° \; . \; 9{,}80 \angle -11{,}31°) = - 960{,}97 + j\,192{,}15$$

Del balance energético surge que la suma de las potencias activas y la suma de las potencias reactivas es prácticamente cero, lo que debe ocurrir, siendo su diferencia debido al redondeo en los cálculos previos.

Ejercicio N° 2: Se tienen 3 cargas en paralelo de :

a) 3 kVA, cos φ = 0,70 capacitivo,
b) 7 kVA, cos φ = 0,80 en atraso, y
c) una resistencia de 2 Ω en serie con una reactancia de 6,37 mH.

Si se las alimenta con una fuente de 220 V - 50 Hz, determinar:

-1- La potencia entregada por la fuente y el factor de potencia de la misma.
-2- El capacitor a colocar en paralelo para que la fuente trabaje con un factor de potencia igual a 0,95 en atraso.
-3- El valor de la corriente en el generador en esta última situación.

Carga "a" $P_a = S_a \cdot \cos\varphi_a = 3000 \cdot 0,7 = 2100\ W \qquad \varphi_a = 45,57°$

$Q_a = S_a \cdot \operatorname{sen}\varphi_a = 3000 \cdot 0,714 = 2142\ VAr$ (Capacitivo)

Carga "b" $P_b = S_b \cdot \cos\varphi_b = 7000 \cdot 0,80 = 5600\ W \qquad \varphi_b = 36,87°$

$Q_b = S_b \cdot \operatorname{sen}\varphi_b = 7000 \cdot 0,6 = 4200\ VAr$ (Inductivo)

Carga "c" $X_L = \omega L = 2\pi 50 \cdot 6,37 \cdot 10^{-3} = 2\ \Omega$

$$\mathbf{Z}_c = 2 + j\,2 = 2,83 \angle 45°\ \Omega$$

$$\mathbf{I}_C = \frac{220 \angle 0°}{2,83 \angle 45°} = 77,74 \angle -45° \quad A$$

$$P_c = R \cdot I_C^2 = 2 \cdot 77,74^2 = 12087\ W$$

$$Q_c = X_L \cdot I_C^2 = 2 \cdot 77,74^2 = 12087\ VAr \ \text{(Inductivo)}$$

$$S_c = U \cdot I = 220 \cdot 77,74 = 17103\ VA$$

Potencia entregada por el generador

$$P = P_a + P_b + P_c = 2100 + 5600 + 12087 = 19787\ W$$

$$Q = Q_a + Q_b + Q_c = -2142 + 4200 + 12087 = 14145\ Var \ \text{(Inductivo)}$$

$$S = \sqrt{P^2 + Q^2} = \sqrt{19787^2 + 14145^2} = 24323\ VA$$

$$\cos\varphi = \frac{P}{S} = \frac{19787}{24323} = 0,814 \qquad \text{(Factor de potencia medio)}$$

$$\varphi = 35,51° \ \text{(En atraso)}$$

$$I = \frac{S}{U} = \frac{24323}{220} = 110,6\ A$$

Capacitor a colocar:

$$C = \frac{P(\operatorname{tg}\varphi - \operatorname{tg}\varphi_R)}{\omega \cdot U^2}$$

$$C = \frac{19787\,(\operatorname{tg} 35,51° - \operatorname{tg} 18,19°)}{314 \cdot 220^2} = 501\ \mu F$$

Corriente con el capacitor:

$$I_T = \frac{P}{U \cdot \cos\ \varphi_R} = \frac{19787}{220 \cdot \cos\ 18{,}19^\circ} = 94{,}67\ A$$

CAPITULO 3

SISTEMAS DE CORRIENTE ALTERNA TRIFASICOS

3.1 Introducción

La generación, transmisión y distribución de energía eléctrica se efectúa a través de sistemas trifásicos de corriente alterna. Las ventajas que se obtienen en los sistemas trifásicos con respecto a los monofásicos son:

1.- Ahorro de materiales en equipos, líneas de transmisión y distribución.

2.- Generación de campos magnéticos rotantes (Principio de funcionamiento de los motores).

3.- Potencia instantánea constante.

3.2 Fuentes trifásicas

Un generador trifásico de tensión está compuesto por:

a) Una parte fija o estator, constituido por un paquete de chapas magnéticas que conforman un cilindro con una serie de ranuras longitudinales, que en el caso que analizaremos presenta la cantidad mínima que es de 6 ranuras. Sobre cada par de ranuras opuestas se colocan los lados de una bobina, cuyos principios y fin tienen la siguiente designación:

Bobina 1: $u - x$ *Bobina 2:* $v - y$ *Bobina 3:* $w - z$

Las bobinas son constructivamente iguales, con el mismo número de espiras y con una distribución geométrica tal que sus ejes magnéticos forman un ángulo de 120°.

b) Una parte móvil o rotor, que está ubicada dentro del estator y que consiste de un electroimán alimentado por corriente continua. El giro de dicho rotor se produce mediante una máquina impulsora (Motor diesel, turbina de vapor, de gas, hidráulica, eólica) que mantiene una velocidad angular constante.

La figura 3.1 muestra el corte perpendicular al eje de un generador elemental en el cual se ha dibujado solo un par de ranuras por fase, y la forma de una de las espiras.

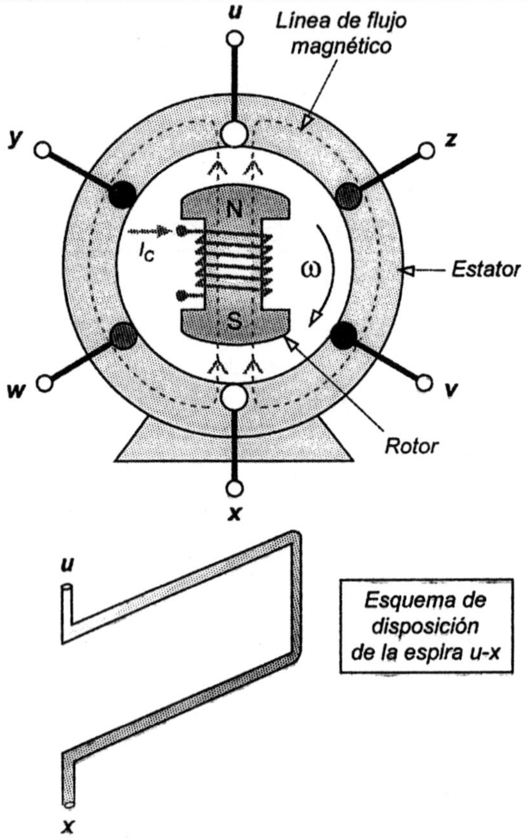

Figura 3.1 Generador de tensiones alternas trifásico

Dado que el electroimán produce un flujo [Φ] de valor constante, las bobinas concatenarán un valor de flujo de acuerdo a la posición instantánea del rotor.

Si tomamos la bobina ***u-x*** de "*N*" espiras (La cual en el esquema anterior está representada por una sola espira por razones de simplicidad del dibujo), y llamamos "α" al ángulo entre el eje magnético del electroimán y el eje magnético de la bobina, el flujo concatenado por la misma para un instante cualquiera es:

$\varphi = \Phi \cos \alpha = \Phi \cos \omega t$ Siendo ω la velocidad angular del rotor.

De acuerdo a la ***Ley de Faraday-Lenz***, entre los terminales de las bobinas se inducirá una fuerza electromotriz cuyo valor es:

$e_{UX} = - N\, d\varphi/dt = N\, \Phi\, \omega \text{ sen } \omega t$ Siendo: $E_{max} = N\, \Phi\, \omega$

$$e_{UX} = E_{max} \text{ sen } \omega t$$

Si analizamos la bobina ***v-y***, vemos que el fenómeno se repite pero con un atraso de 120°, debido a la disposición geométrica de ambas, o sea que:

$$e_{vy} = E_{max} \text{ sen } (\omega t - \frac{2\pi}{3})$$

Lo mismo sucede con la bobina **w-z**:

$$e_{WZ} = E_{max} \text{ sen } (\omega t - \frac{4\pi}{3})$$

De esta manera se ha logrado tener un sistema de tres tensiones alternas desfasadas 120° en el tiempo, una de otra.

Si no hay circulación de corriente la fuerza electromotriz inducida y la tensión en bornes de cada bobina son iguales. Esto no es así en el caso de que haya circulación de corriente ,ya que la tensión en bornes varía con el estado de carga, lo que nos conduce a representar cada bobina como una fuente de tensión alterna real, compuesta por una fuente ideal "**E**" y una impedancia en serie "Z_i", según el dibujo de la figura 3.2.

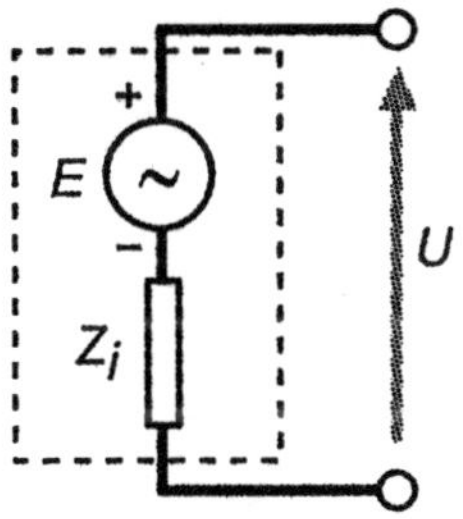

Figura 3.2 Esquema de un fuente de tensión real

Ya que constructivamente las tres bobinas son iguales sus valores máximos también lo serán.

Para la posición del rotor en el dibujo, el flujo concatenado en ese instante por la bobina **u-x**, vale cero y por lo tanto la fuerza electromotriz inducida tiene un valor máximo, que nos lleva a que los valores de las tensiones para ese instante serán:

$$\mathbf{U_{ux}} = U \angle 90°$$

$$\mathbf{U_{vy}} = U \angle 330°$$

$$\mathbf{U_{wz}} = U \angle 210°$$

En el esquema de la figura 3.3, se pueden observar los diagramas de valores instantáneos de las tres tensiones y el diagrama fasorial correspondiente para el instante $t = 0$.

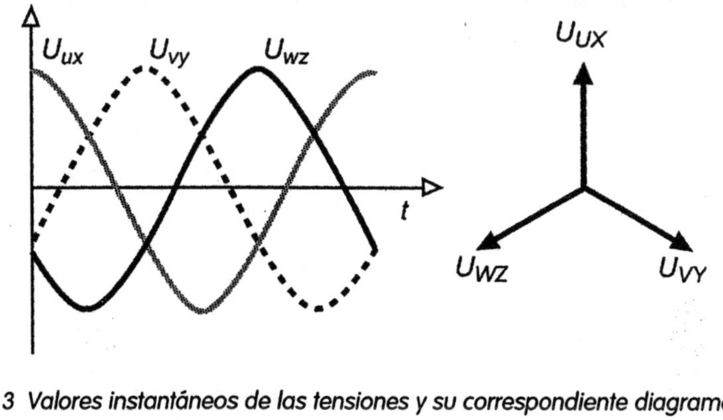

Figura 3.3 Valores instantáneos de las tensiones y su correspondiente diagrama fasorial

3.3 Conexión en estrella y triángulo

3.3.1 Generador

Las tres bobinas pueden ser unidas formando una conexión en estrella ó en triángulo.

Uniendo en un punto común los tres principios o finales de las bobinas, obtenemos una conexión estrella, llamando a este "*centro de estrella*" o "*neutro*" y lo designaremos con la letra "***O***". Cada uno de los arrollamientos se llama "*fase del generador*".

Podemos entonces representar un generador trifásico en estrella como la unión en un punto común de tres generadores monofásicos cuya tensiones están desfasadas 120°, según se observa en la figura 3.4. Los principios de los arrollamientos se conectan a la línea de alimentación de las cargas.

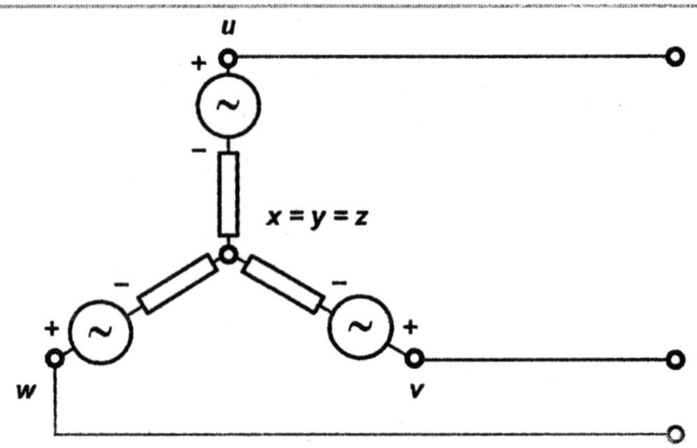

Figura 3.4 Esquema de tres generadores monofásicos conectados en estrella

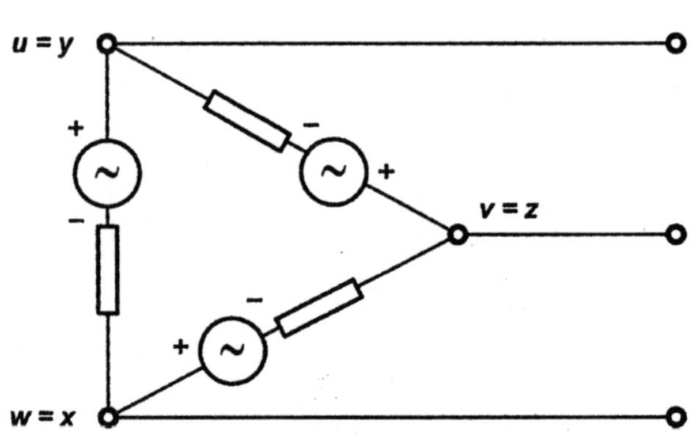

Figura 3.5 Esquema de tres generadores monofásicos conectados en triángulo

En la conexión triángulo, los arrollamientos de fase se conectan en serie uniendo el principio de uno con el final del otro, tal como se muestra en la figura 3.5. El punto común de los arrollamientos se conecta a las líneas de alimentación.

3.3.2 Receptor

El receptor para este tipo de generador está compuesto por un sistema de tres cargas, que las representamos por sus impedancias equivalentes que son las fase del receptor, las cuales se pueden unir de forma tal de quedar conectadas en conexión estrella ó triángulo.

Identificaremos al punto común de las cargas conectadas en estrella con la letra ***O´***.

La forma de conexión del generador y del receptor son independientes, por lo que se puede utilizar cualquier variante. La unión entre el generador y el receptor se efectúa con conductores que llamaremos "***líneas***".

Si el generador y el receptor están conectados en estrella , el conductor que une ambos centros de estrella se llama "***neutro***".

3.4 Tensiones y corrientes. Definición.

Las tensiones en las fases del generador y del receptor las llamaremos ***tensiones de fase*** *(U_F)*, y sus corrientes, ***corrientes de fase*** *(I_F)*.

Las tensiones entre líneas, se llaman ***tensiones de línea*** *(U_L)* y las corrientes por ellas serán ***corrientes de línea*** *(I_L)*, siendo la tensión entre una línea y el neutro la tensión de fase.

Por lo tanto en una conexión estrella, las tensiones de fase y las de línea son distintas, en cambio las corrientes de fase y las de línea son iguales, como se muestra en la figura 3.6.

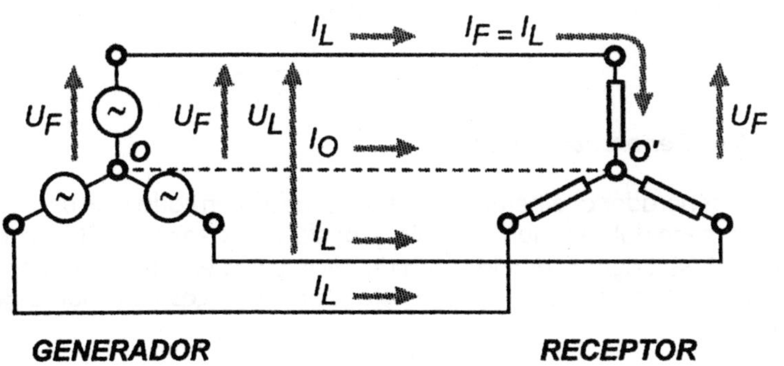

Figura 3.6 Tensiones y corrientes en conexión estrella en el receptor

En una conexión triángulo, las tensiones de fase y de línea son iguales y las corrientes de fase y de línea son distintas, según se ve en la figura 3.7.

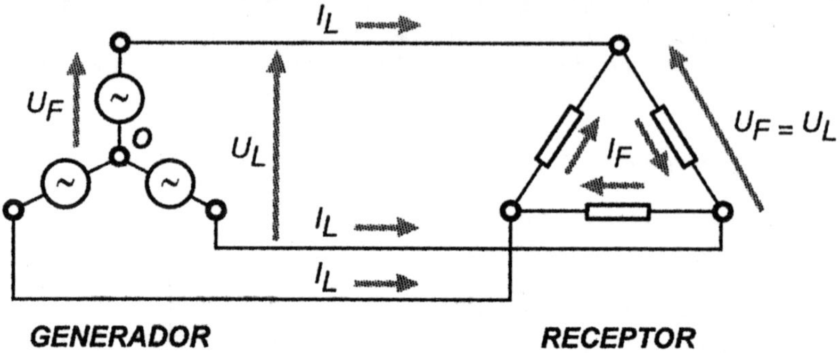

Figura 3.7 Tensiones y corrientes en conexión triángulo en el receptor

3.5 Denominación de las redes

Los conductores alimentadores en las redes trifásicas, se los designa con las letras ***R*** - ***S*** - ***T*** para los conductores de fase y ***O*** para el conductor neutro.

De acuerdo a esta denominación tendremos:

U_{RO} - U_{SO} - U_{TO}	*Tensiones de fase del generador*
$U_{RO'}$ - $U_{SO'}$ - $U_{TO'}$	*Tensiones de fase del receptor ó carga*
$U_{O'O}$	*Tensión entre el centro de estrella del generador y el centro de estrella de la carga o tensión de corrimiento de neutro.*
U_{RS} - U_{TR} - U_{ST}	*Tensiones de línea.*
I_R - I_S - I_T	*Corrientes de línea*
I_O	*Corriente de neutro*

3.6 Generador perfecto

El generador que hemos analizado produce en cada fase una fuerza electromotriz senoidal, de igual módulo y desfasadas entre si 120° en el tiempo, cumpliéndose además que la suma de las mismas es igual a cero en cualquier instante. El generador que cumple estas características se lo llama ***generador perfecto***.

3.7 Secuencia

Hemos representado los diagramas fasoriales de tensiones girando en sentido antihorario. El orden en el cual aparecen los fasores se llama "***secuen-***

cia", siendo "*positiva*" o directa (derecha), cuando el orden de aparición de los fasores es: $\mathbf{U_{RO}}$ - $\mathbf{U_{SO}}$ - $\mathbf{U_{TO}}$ *(R-S-T)*.

Si en cambio los fasores se suceden en el orden: $\mathbf{U_{RO}}$ - $\mathbf{U_{TO}}$ - $\mathbf{U_{SO}}$ *(R-T-S)*, la secuencia se llama "*negativa*" ó inversa. En los diagramas de la figura 3.8 se muestran ambos casos.

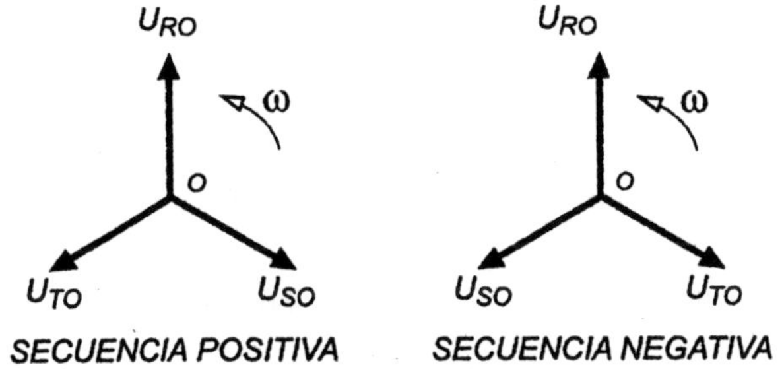

Figura 3.8 Secuencias

Podemos pasar de una secuencia a otra, mediante la transposición de dos fases cualesquiera y de acuerdo al esquema de la figura 3.9.

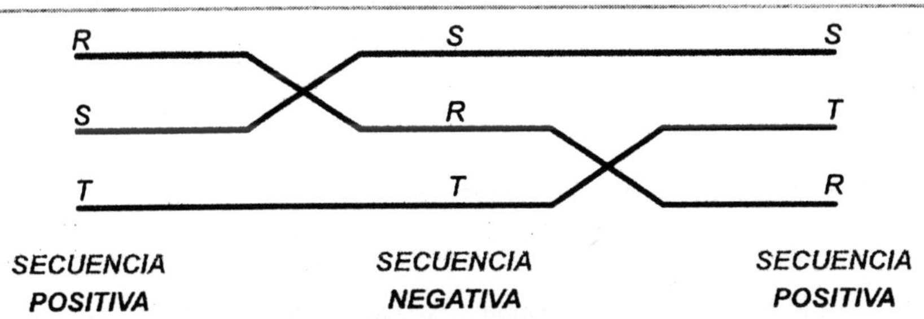

Figura 3.9 Cambios en las secuencias

3.8 Relación entre tensiones de sistemas perfectos

Sea el esquema equivalente de un generador de tensiones trifásicas como el de la figura 3.10, en el cual se indican las tensiones de fase y de línea con su sentido de acuerdo a la convención vista.

Si tomamos la tensión de línea $\mathbf{U_{RS}}$ y hacemos una circulación en la malla que contiene a $\mathbf{U_{RO}}$ y $\mathbf{U_{SO}}$, de acuerdo a la segunda Ley de Kirchhoff:

$$\mathbf{U_{SO}} - \mathbf{U_{RO}} + \mathbf{U_{RS}} = 0 \quad \Rightarrow \quad \mathbf{U_{RS}} = \mathbf{U_{RO}} - \mathbf{U_{SO}}$$

Como: $\mathbf{U_{RO}} = UF \angle 90°$ y $\mathbf{U_{SO}} = U_F \angle 330°$

Nos queda: $\mathbf{U_{RS}} = U_F \angle 90° - U_F \angle 330°$

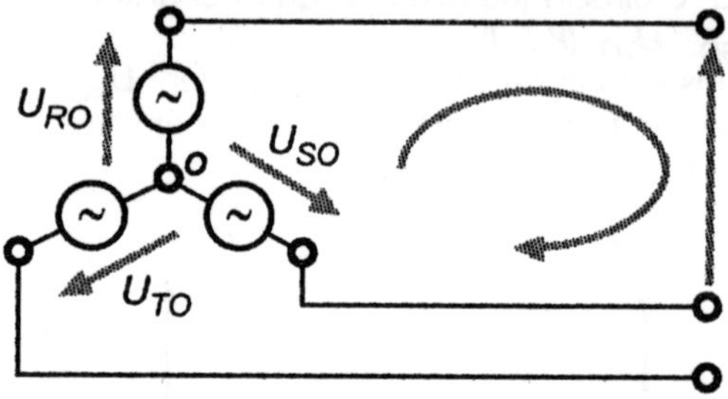

Figura 3.10 Esquema equivalente de un generador de tensiones trif[asico

$$\mathbf{U_{RS}} = jU_F - \frac{\sqrt{3}}{2}U_F + j\frac{1}{2}U_F = U_F(-0{,}866 + j1{,}50) = \sqrt{3}\ U_F \angle 120°$$

Análogamente para las otras tensiones de línea nos queda:

$$\mathbf{U_{TR}} = U_{TO} - U_{RO} = \sqrt{3}\ U_F \angle 240°$$

$$\mathbf{U_{ST}} = U_{SO} - U_{TO} = \sqrt{3}\ U_F \angle 0°$$

De aquí podemos observar que el módulo de las tensiones de línea y las de fase ,cuando el sistema es perfecto, se relacionan por:

$$U_L = \sqrt{3}\ U_F$$

3.9 Receptor conectado en estrella

3.9.1 Receptor equilibrado con conductor neutro

En la figura 3.11 se ha esquematizado un generador y un conjunto de cargas trifásico.

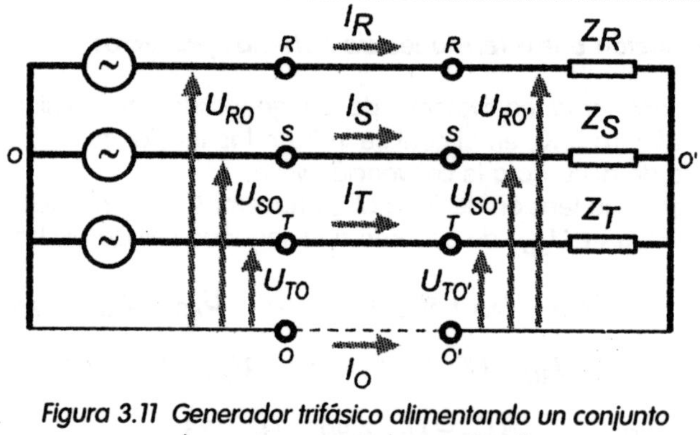

Figura 3.11 Generador trifásico alimentando un conjunto de cargas conectadas en estrella

En este caso las impedancias de carga son iguales, y para nuestro análisis supondremos las mismas de características óhnmico inductivas.

$$\mathbf{Z_R} = \mathbf{Z_S} = \mathbf{Z_T} = \mathbf{Z} = Z \angle \varphi$$

Dada la unión de los centros de estrella del generador y del receptor, las tensiones de ambos son iguales.

$$\mathbf{U_{RO'}} = \mathbf{U_{RO}} \qquad \mathbf{U_{SO'}} = \mathbf{U_{SO}} \qquad \mathbf{U_{TO'}} = \mathbf{U_{TO}}$$

Las corrientes serán :

$$\mathbf{I_R} = \frac{\mathbf{U_{RO'}}}{\mathbf{Z_R}} = \frac{\mathbf{U_{RO}}}{\mathbf{Z_R}} = \frac{U_F \angle 90^\circ}{Z \angle \varphi} = \frac{U_F}{Z} \angle 90^\circ - \varphi$$

$$\mathbf{I_S} = \frac{\mathbf{U_{SO'}}}{\mathbf{Z_S}} = \frac{\mathbf{U_{SO}}}{\mathbf{Z_S}} = \frac{U_F \angle 330^\circ}{Z \angle \varphi} = \frac{U_F}{Z} \angle 330^\circ - \varphi$$

$$\mathbf{I_T} = \frac{\mathbf{U_{TO'}}}{\mathbf{Z_T}} = \frac{\mathbf{U_{TO}}}{\mathbf{Z_T}} = \frac{U_F \angle 210^\circ}{Z \angle \varphi} = \frac{U_F}{Z} \angle 210^\circ - \varphi$$

Las corrientes tienen igual módulo y desfasadas 120° una de la otra y atrasadas un ángulo "φ" respecto de sus tensiones de fase respectivas, siendo el fasorial correspondiente similar al de la figura 3.12.

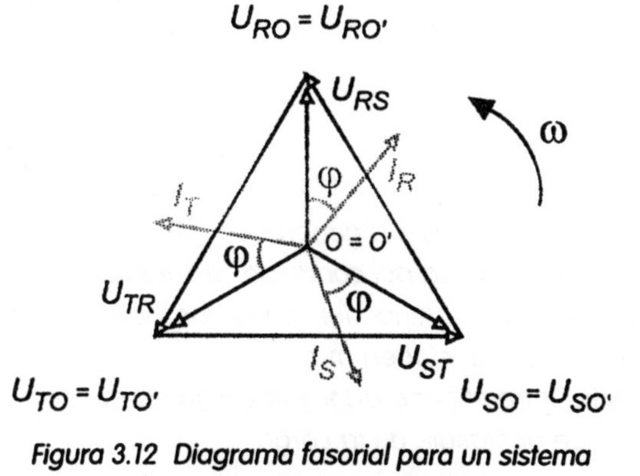

Figura 3.12 Diagrama fasorial para un sistema de cargas ohnmico-inductivas

En O´se cumple : $\mathbf{I_R} + \mathbf{I_S} + \mathbf{I_T} + \mathbf{I_O} = 0$

$$\mathbf{I_R} + \mathbf{I_S} + \mathbf{I_T} = \frac{(\mathbf{U_{RO}} + \mathbf{U_{SO}} + \mathbf{U_{TO}})}{\mathbf{Z}} = 0$$

Luego: $\mathbf{I_O} = 0$

De aquí surge que en el caso de tener carga equilibrada, la corriente por el conductor neutro es cero, lo cual lleva a que se pueda prescindir del mismo.

Analicemos las ventajas que tienen las redes trifásicas sobre las monofásicas, a saber:

a) Para transmitir la misma potencia que tres sistemas monofásicos, se reduce la cantidad de conductores de 6 a 4 (Eventualmente 3).

b) Para el cálculo de la caída de tensión en un sistema monofásico, debemos tener en cuenta que la distancia entre el generador y la carga se toma dos veces, de acuerdo a lo esquematizado en le figura 3.13.

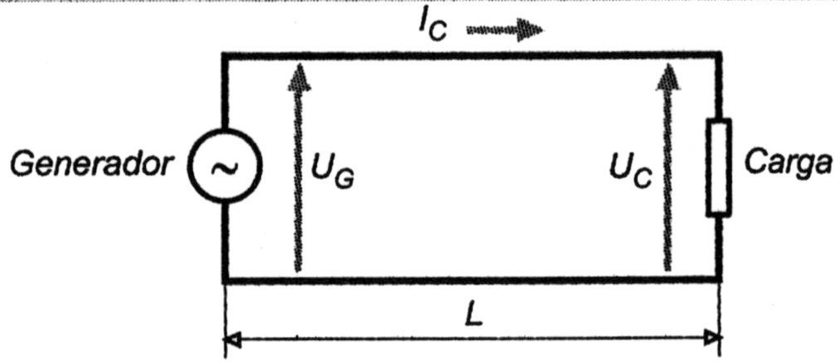

Figura 3.13 Alimentación de un carga monofásica

La diferencia de tensión entre el generador y la carga se llama caída de tensión, la cual tiene el siguiente valor :

$$\Delta U = R \cdot I \cdot \cos\ \varphi \qquad\qquad R = 2 \cdot \rho \cdot \frac{L}{S}$$

$$\Delta U = 2 \cdot \rho \cdot L \cdot \frac{I}{S} \cdot \cos\ \varphi$$

Donde:

ΔU = Tensión en bornes del generador – Tensión sobre la carga
R = Resistencia óhnmica del conductor alimentador [Ω]
ρ = Resistividad del material del conductor (Cobre, Aluminio) [$\Omega.mm^2/m$]
S = Sección del conductor en mm^2
L = Distancia entre el generador y la carga en m
φ = Angulo de desfasaje de la carga

En cambio en un sistema trifásico equilibrado por el conductor neutro no circula corriente, con lo que la caída de tensión se produce solo en la fase, lo que hace que la caída de tensión sea la mitad que en el caso de un sistema monofásico.

Si mantenemos la misma caída de tensión en ambos casos, los conductores de un sistema trifásico podrán tener la mitad de la sección, con el consiguiente ahorro de los mismos. En la práctica existe un pequeño desequilibrio de las cargas lo que hace que por el neutro circule una corriente, la cual es pequeña y no invalida el análisis anterior.

3.9.2 Receptor desequilibrado con neutro

Al tener el neutro conectado los centros de estrella de la carga y del generador son coincidentes lo que hace que también lo sean las tensiones. Las corrientes serán entonces:

$$\mathbf{I_R} = \frac{\mathbf{U_{RO}}}{\mathbf{Z_R}} = \frac{U_F \angle 90°}{Z_R \angle \varphi_R} = \frac{U_F}{Z_R} \angle 90° - \varphi_R$$

$$\mathbf{I_S} = \frac{\mathbf{U_{SO}}}{\mathbf{Z_S}} = \frac{U_F \angle 330°}{Z_S \angle \varphi_S} = \frac{U_F}{Z_S} \angle 330° - \varphi_S$$

$$\mathbf{I_T} = \frac{\mathbf{U_{TO}}}{\mathbf{Z_T}} = \frac{U_F \angle 210°}{Z_T \angle \varphi_T} = \frac{U_F}{Z_T} \angle 210° - \varphi_T$$

$$\mathbf{I_O} = -(\mathbf{I_R} + \mathbf{I_S} + \mathbf{I_T})$$

El diagrama fasorial correspondiente es el de la figura 3.14.

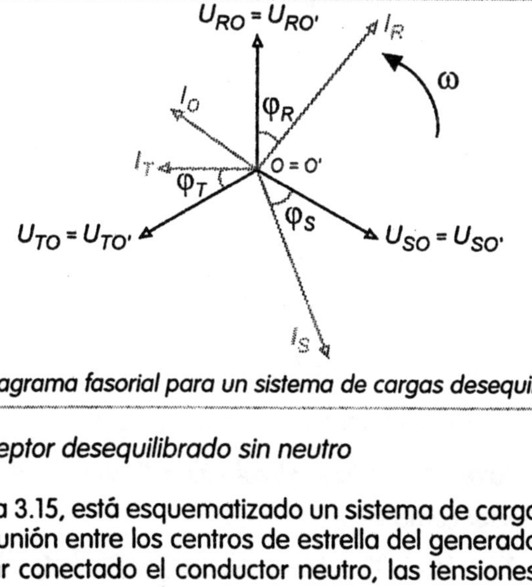

3.14 Diagrama fasorial para un sistema de cargas desequilibrado

3.9.3 Receptor desequilibrado sin neutro

En la figura 3.15, está esquematizado un sistema de cargas trifásico desequilibrado sin la unión entre los centros de estrella del generador y la carga.

Al no estar conectado el conductor neutro, las tensiones sobre la carga deberán ser tales que se cumpla:

$$\mathbf{I_R} + \mathbf{I_S} + \mathbf{I_T} = 0$$

Si hacemos un recorrido en el sentido horario en las tres mallas que se forman, teniendo la rama del neutro en común, se cumple:

$$-\mathbf{U_{RO}} + \mathbf{U_{RO'}} + \mathbf{U_{O'O}} = 0 \qquad \mathbf{U_{RO'}} = \mathbf{U_{RO}} - \mathbf{U_{O'O}}$$

$$-\mathbf{U_{SO}} + \mathbf{U_{SO'}} + \mathbf{U_{O'O}} = 0 \qquad \mathbf{U_{SO'}} = \mathbf{U_{SO}} - \mathbf{U_{O'O}}$$

$$- U_{TO} + U_{TO'} + U_{O'O} = 0 \qquad U_{TO'} = U_{TO} - U_{O'O}$$

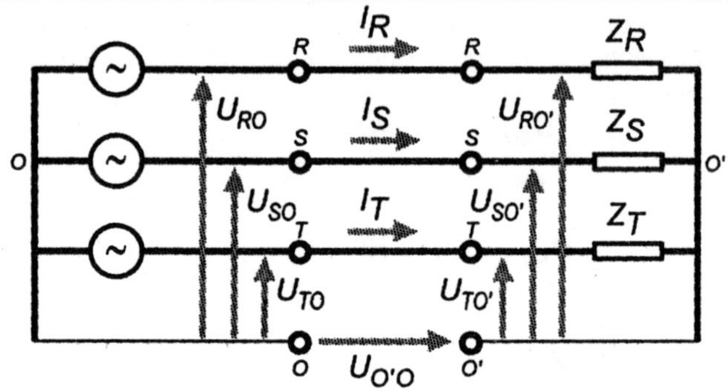

Figura 3.15 Alimentación de un sistema de cargas desequilibrado sin neutro

Las corrientes sobre la carga son :

$$I_R = \frac{U_{RO'}}{Z_R} = U_{RO'} \cdot Y_R \qquad Y_R = \frac{1}{Z_R}$$

$$I_S = \frac{U_{SO'}}{Z_S} = U_{SO'} \cdot Y_S \qquad Y_S = \frac{1}{Z_S}$$

$$I_T = \frac{U_{TO'}}{Z_T} = U_{TO'} \cdot Y_T \qquad Y_T = \frac{1}{Z_T}$$

Reemplazando:

$$I_R = (U_{RO} - U_{O'O}) \cdot Y_R$$

$$I_S = (U_{SO} - U_{O'O}) \cdot Y_S$$

$$I_T = (U_{TO} - U_{O'O}) \cdot Y_T$$

Sumando las tres corrientes e igualando a cero:

$$(U_{RO} - U_{O'O}) \cdot Y_R + (U_{SO} - U_{O'O}) \cdot Y_S + (U_{TO} - U_{O'O}) \cdot Y_T = 0$$

Sacando factor común:

$$U_{RO} \cdot Y_R + U_{SO} \cdot Y_S + U_{TO} \cdot Y_T - U_{O'O} (Y_R + Y_S + Y_T) = 0$$

$$U_{O'O} = \frac{U_{RO} \cdot Y_R + U_{SO} \cdot Y_S + U_{TO} \cdot Y_T}{Y_R + Y_S + Y_T}$$

Esta es la diferencia de potencial entre los centros de estrella del generador y el receptor, con la cual podemos calcular las tensiones sobre cada carga y consecuentemente sus corrientes respectivas. El diagrama fasorial de un sis-

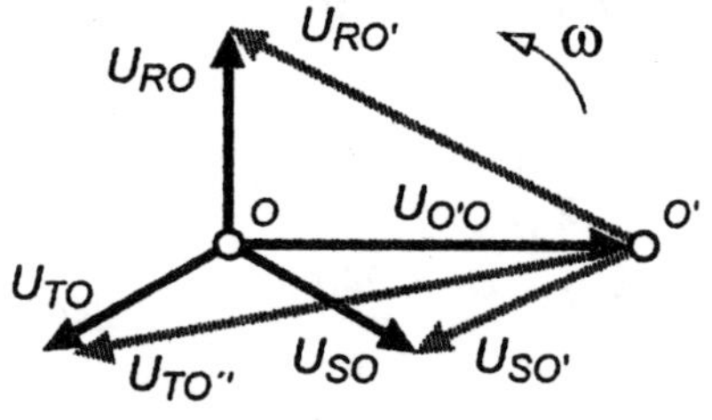

Figura 3.16 Diagrama fasorial de un sistema desequilibrado sin neutro

tema trifilar con cargas desequilibradas es el de la figura 3.16.

3.10 Receptor conectado en triángulo

3.10.1 Receptor equilibrado

La figura 3.17 nos muestra un sistema trifásico de cargas equilibradas conectadas en triángulo.

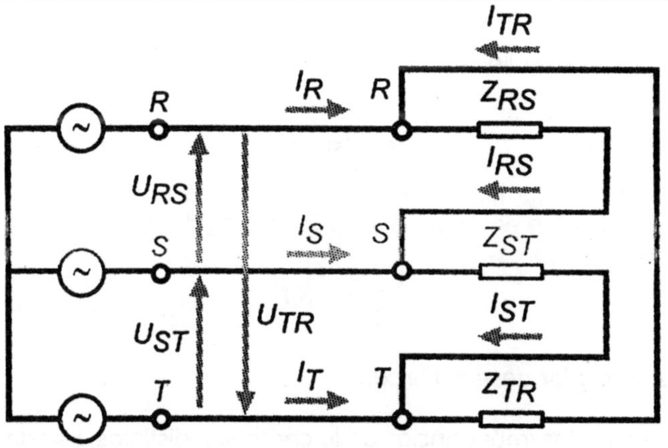

Figura 3.17 Diagrama de cargas equilibradas conectadas en triángulo

En este caso las impedancias de carga son iguales o sea:

$$\mathbf{Z_{RS}} = \mathbf{Z_{ST}} = \mathbf{Z_{TR}} = \mathbf{Z} = Z \angle \varphi$$

Las tensiones de fase sobre las impedancias concuerdan con las tensiones de línea, debido al tipo de conexión de las mismas.

Por lo tanto, las corrientes en cada fase serán (en concordancia con el diagrama fasorial de la figura 3.18 ilustrado en la página 44) las mostradas a continuación, a saber:

$$\boldsymbol{I_{RS}} = \frac{\boldsymbol{U_{RS}}}{\boldsymbol{Z_{RS}}} = \frac{U_L \angle 120^\circ}{Z \angle \varphi} = \frac{U_L}{Z} \angle 120^\circ - \varphi$$

$$\boldsymbol{I_{ST}} = \frac{\boldsymbol{U_{ST}}}{\boldsymbol{Z_{ST}}} = \frac{U_L \angle 0^\circ}{Z \angle \varphi} = \frac{U_L}{Z} \angle 0^\circ - \varphi$$

$$\boldsymbol{I_{TR}} = \frac{\boldsymbol{U_{TR}}}{\boldsymbol{Z_{TR}}} = \frac{U_L \angle 240^\circ}{Z \angle \varphi} = \frac{U_L}{Z} \angle 240^\circ - \varphi$$

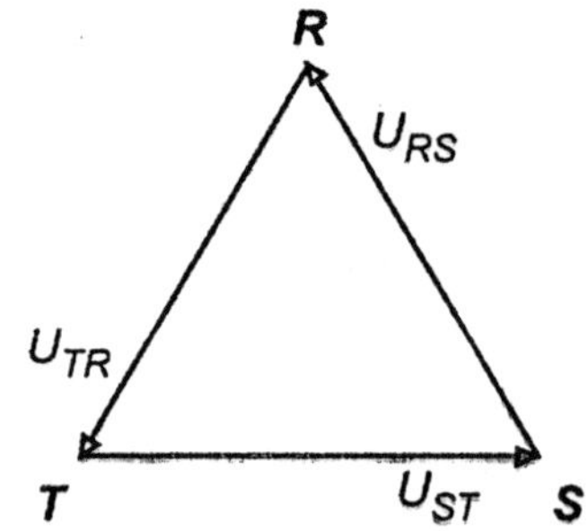

$\boldsymbol{U_{RS}} = U_L \angle 120°$

$\boldsymbol{U_{TR}} = U_L \angle 240°$

$\boldsymbol{U_{ST}} = U_L \angle 0°$

Figura 3.18 Diagrama fasorial de tensiones en una carga en triángulo

Las corrientes de línea surgen de aplicar la primera ley de Kirchhoff en cada nodo:

$\boldsymbol{I_R} = \boldsymbol{I_{RS}} - \boldsymbol{I_{TR}}$ $\quad\quad$ $\boldsymbol{I_S} = \boldsymbol{I_{ST}} - \boldsymbol{I_{RS}}$ $\quad\quad$ $\boldsymbol{I_T} = \boldsymbol{I_{TR}} - \boldsymbol{I_{ST}}$

Dado que las corrientes de fase son iguales en módulo y desfasadas entre sí 120°, la relación entre estas y las corrientes de línea en lo que a módulo se refiere está dado por:

$$I_L = \sqrt{3}\, I_F$$

3.10.2 Receptor desequilibrado

En este caso las impedancias de la carga son distintas, siendo el procedimiento para hallar los valores de las corrientes similar al caso equilibrado, ya que las tensiones de fase de la carga y las de línea son coincidentes.

$\boldsymbol{Z_{RS}} = Z_{RS} \angle \varphi_{RS}$ $\quad\quad$ $\boldsymbol{Z_{ST}} = Z_{ST} \angle \varphi_{ST}$ $\quad\quad$ $\boldsymbol{Z_{TR}} = Z_{TR} \angle \varphi_{TR}$

$$\boldsymbol{I_{RS}} = \frac{\boldsymbol{U_{RS}}}{\boldsymbol{Z_{RS}}} = \frac{U_L \angle 120^\circ}{Z_{RS} \angle \varphi_{RS}} = \frac{U_L}{Z_{RS}} \angle 120^\circ - \varphi_{RS}$$

$$\boldsymbol{I_{ST}} = \frac{\boldsymbol{U_{ST}}}{\boldsymbol{Z_{ST}}} = \frac{U_L \angle 0^\circ}{Z_{ST} \angle \varphi_{ST}} = \frac{U_L}{Z_{ST}} \angle 0^\circ - \varphi_{ST}$$

$$I_{TR} = \frac{U_{TR}}{Z_{TR}} = \frac{U_L \angle 240°}{Z_{RS} \angle \varphi_{TR}} = \frac{U_L}{Z_{TR}} \angle 240° - \varphi_{TR}$$

Las corrientes de línea se obtienen haciendo la sumatoria de corrientes en cada nodo:

$$I_R = I_{RS} - I_{TR} \qquad I_S = I_{ST} - I_{RS} \qquad I_T = I_{TR} - I_{ST}$$

Ejercicio N° 1: Mediante una línea trifásica de 3 x 380/220 V; 50 Hz secuencia directa se alimenta una carga como se muestra en la figura. Se desea hallar:

a) Los valores de las tensiones y corrientes sobre dicha carga, con el conductor neutro conectado.

b) Idem si se desconecta el conductor neutro.

c) Dibujar los diagramas fasoriales

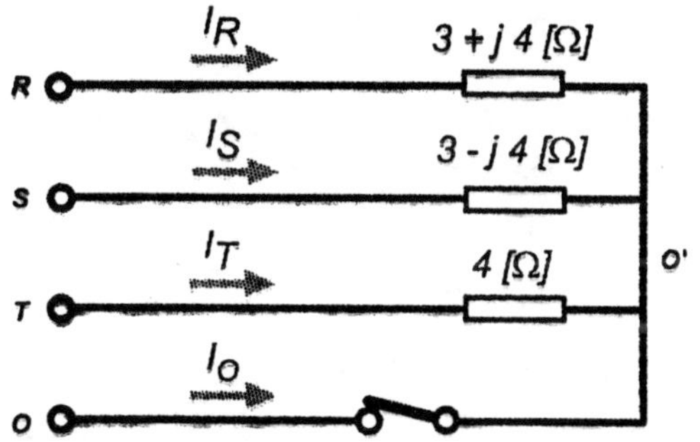

$$Z_R = 3 + j\,4 = 5 \angle 53{,}13° \qquad Z_S = 3 - j\,4 = 5 \angle -53{,}13° \qquad Z_T = 4 \angle 0°$$

a) Con conductor neutro

$$I_R = \frac{U_{RO'}}{Z_R} = \frac{U_{RO}}{Z_R} = \frac{220 \angle 90°}{5 \angle 53{,}13°} = 44 \angle 36{,}87° \quad [A]$$

$$I_S = \frac{U_{SO'}}{Z_S} = \frac{U_{SO}}{Z_S} = \frac{220 \angle 330°}{5 \angle -53{,}13°} = 44 \angle 23{,}13° \quad [A]$$

$$I_T = \frac{U_{TO'}}{Z_T} = \frac{U_{TO}}{Z_T} = \frac{220 \angle 210°}{4 \angle 0°} = 55 \angle 210° \quad [A]$$

$$I_O = -(I_R + I_S + I_T) = -(44 \angle 36{,}87° + 44 \angle 23{,}13° + 55 \angle 210°)$$

$$I_O = -(28{,}03 + j\,16{,}18) = 32{,}36 \angle 210° \quad [A]$$

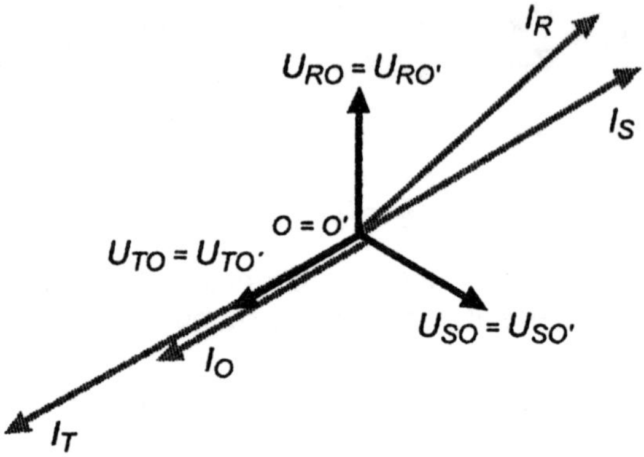

b) Sin conductor neutro

$$\mathbf{Y_R} = \frac{\mathbf{1}}{\mathbf{Z_R}} = \frac{1}{5 \angle 53{,}13^\circ} = 0{,}20 \angle -53{,}13^\circ$$

$$\mathbf{Y_S} = \frac{\mathbf{1}}{\mathbf{Z_S}} = \frac{1}{5 \angle -53{,}13^\circ} = 0{,}20 \angle 53{,}13^\circ$$

$$\mathbf{Y_T} = \frac{\mathbf{1}}{\mathbf{Z_T}} = \frac{1}{4 \angle 0^\circ} = 0{,}25 \angle 0^\circ$$

$$\mathbf{U_{O'O}} = \frac{(220 \angle 90^\circ \cdot 0{,}20 \angle -53{,}13^\circ) + (220 \angle 330^\circ \cdot 0{,}20 \angle 53{,}13^\circ) + (220 \angle 210^\circ \cdot 0{,}25 \angle 0^\circ)}{0{,}20 \angle -53{,}13^\circ + 0{,}20 \angle 53{,}13^\circ + 0{,}25 \angle 0^\circ}$$

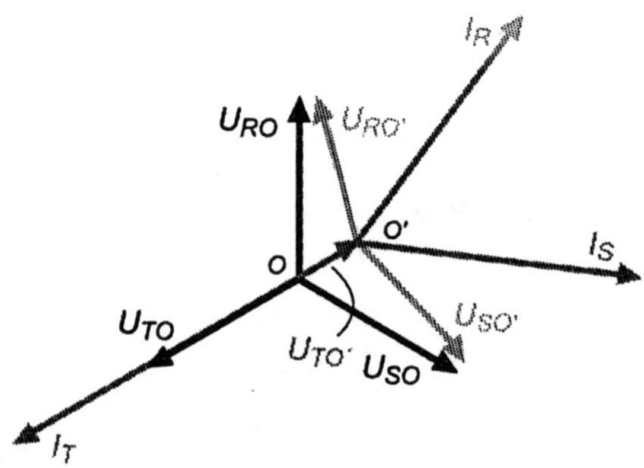

$$\mathbf{U_{O'O}} = 66 \angle 30^\circ \ [V]$$

$$\mathbf{U_{RO'}} = \mathbf{U_{RO}} - \mathbf{U_{O'O}} = 220 \angle 90^\circ - 66 \angle 30^\circ = 57{,}16 - j\ 187 = 195{,}54 \angle 107^\circ \ [V]$$

$U_{SO'} = U_{SO} - U_{O'O} = 220 \angle 330° - 66 \angle 30° = 133,34 - j\,143 = 195,54 \angle -47°$ [V]

$U_{TO'} = U_{TO} - U_{O'O} = 220 \angle 210° - 66 \angle 30° = -247,66 - j\,143 = 285,98 \angle 210°$ [V]

$I_R = U_{RO'} * Y_R = 195,54 \angle 107° \,.\, 0,20 \angle -53,13° = 39,10 \angle 53,87°$ [A]

$I_S = U_{SO'} * Y_S = 195,54 \angle -47° \,.\, 0,20 \angle 53,13° = 39,10 \angle 6,13°$ [A]

$I_T = U_{TO'} * Y_T = 285,98 \angle 210° \,.\, 0,25 \angle 0° = 71,50 \angle 210°$ [A]

$I_R + I_S + I_T = 39,10 \angle 53,87° + 39,10 \angle 6,13° + 71,50 \angle 210° = 0$

Ejercicio N° 2: Mediante una red trifásica de 3 x 380 V - 50 Hz se alimenta una carga según se muestra en la figura.

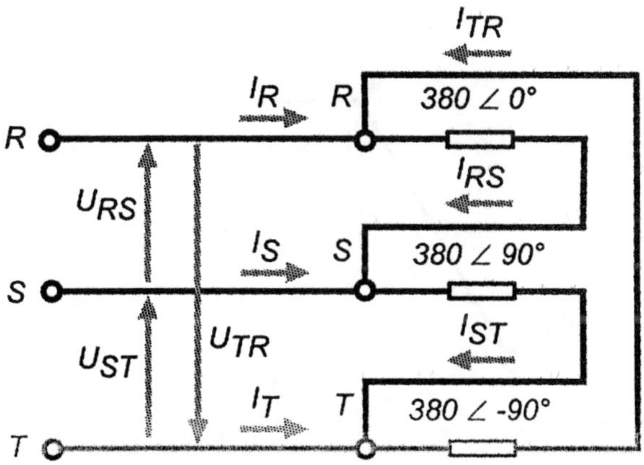

Hallar:

a) Las corrientes de fase y de línea

b) Dibujar el diagrama fasorial

$$I_{RS} = \frac{U_{RS}}{Z_{RS}} = \frac{380 \angle 120°}{380 \angle 0°} = 1 \angle 120° \quad [A]$$

$$I_{ST} = \frac{U_{ST}}{Z_{ST}} = \frac{380 \angle 0°}{380 \angle 90°} = 1 \angle -90° \quad [A]$$

$$I_{TR} = \frac{U_{TR}}{Z_{TR}} = \frac{380 \angle 240°}{380 \angle -90°} = 1 \angle 330° \quad [A]$$

$I_R = I_{RS} - I_{TR} = 1 \angle 120° - 1 \angle 330° = 1,93 \angle 135°$ [A]

$$\boldsymbol{I_S} = \boldsymbol{I_{ST}} - \boldsymbol{I_{RS}} = 1\angle -90° - 1\angle 120° = 1{,}93\angle -75° \quad [A]$$

$$\boldsymbol{I_T} = \boldsymbol{I_{TR}} - \boldsymbol{I_{ST}} = 1\angle 330° - 1\angle -90° = 1\angle 30° \quad [A]$$

$$\boldsymbol{I_R} + \boldsymbol{I_S} + \boldsymbol{I_T} = 1{,}93\angle 135° + 1{,}93\angle -75° + 1\angle 30° = 0$$

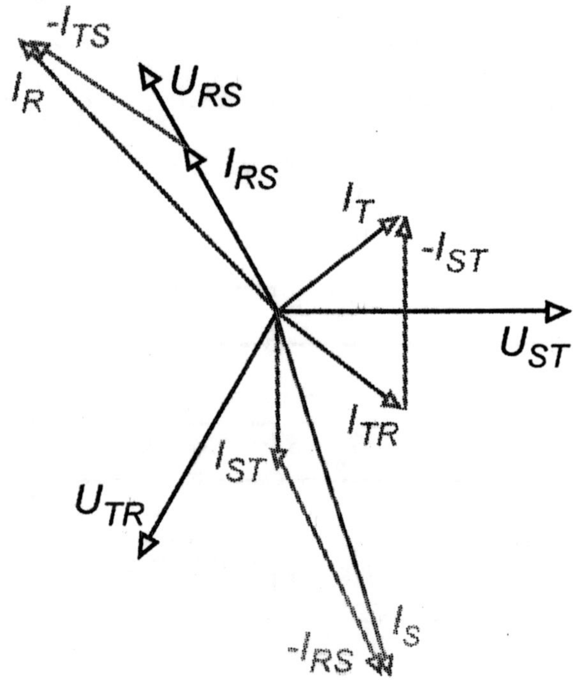

CAPITULO 4

POTENCIA EN SISTEMAS DE CORRIENTE ALTERNA TRIFASICOS

4.1 Introducción

La potencia total en un sistema polifásico se obtiene como la suma de las potencias de cada una de las fases, teniendo en cuenta la característica de las mismas.

4.2 Receptor en estrella

Sea un sistema de cargas conectadas en estrella como se muestra en la figura 4.1.

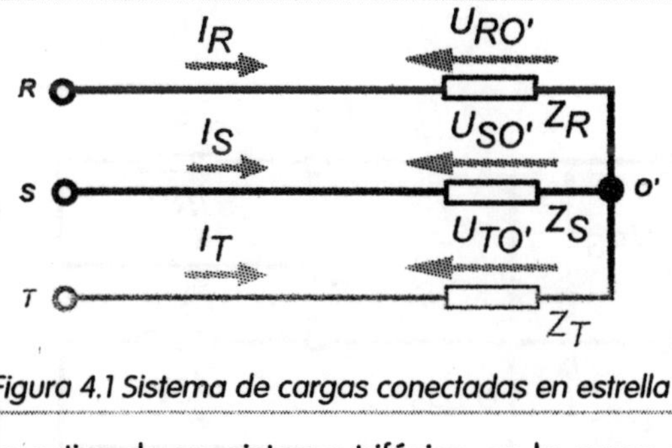

Figura 4.1 Sistema de cargas conectadas en estrella

La potencia activa de un sistema trifásico, es la suma de las potencias activas en cada fase:

$$P_{TRIF} = P_R + P_S + P_T$$

$$P_{TRIF} = U_{RO'} \cdot I_R \cos \varphi_R + U_{SO'} \cdot I_S \cos \varphi_S + U_{TO'} \cdot I_T \cos \varphi_T$$

La potencia reactiva de un sistema trifásico , es la suma de las potencias reactivas de cada fase, teniendo en cuenta el origen de las mismas y llevando el signo de acuerdo a la convención adoptada.

$$Q_{TRIF} = Q_R + Q_S + Q_T$$

$$Q_{TRIF} = U_{RO'} \cdot I_R \operatorname{sen} \varphi_R + U_{SO'} \cdot I_S \operatorname{sen} \varphi_S + U_{TO'} \cdot I_T \operatorname{sen} \varphi_T$$

La potencia aparente estará dada por:

$$S_{TRIF} = P_{TRIF} \pm j\, Q_{TRIF} \qquad S_{TRIF} = \sqrt{P_{TRIF}^2 + Q_{TRIF}^2}$$

En el caso particular de que el receptor sea equilibrado, se cumple:

$$| U_{RO'} | = | U_{SO'} | = | U_{TO'} | = U_F$$

$$|I_R| = |I_S| = |I_T| = I_L \qquad \varphi_R = \varphi_S = \varphi_T$$

$$U_L = \sqrt{3}\, U_F \qquad I_L = I_F$$

(La corriente de línea coincide con la corriente de fase)

Con lo cual nos queda:

$$P_{TRIF} = 3\ U_F.I_F.\cos\varphi = \sqrt{3}\ U_L.I_L.\cos\varphi$$

$$Q_{TRIF} = 3\ U_F.I_F.\operatorname{sen}\varphi = \sqrt{3}\ U_L.I_L.\operatorname{sen}\varphi$$

$$S_{TRIF} = 3\ U_F.I_F = \sqrt{3}\ U_L.I_L$$

4.3 Receptor en triángulo

En la figura 4.2 se observa un sistema de cargas conectadas en triángulo.

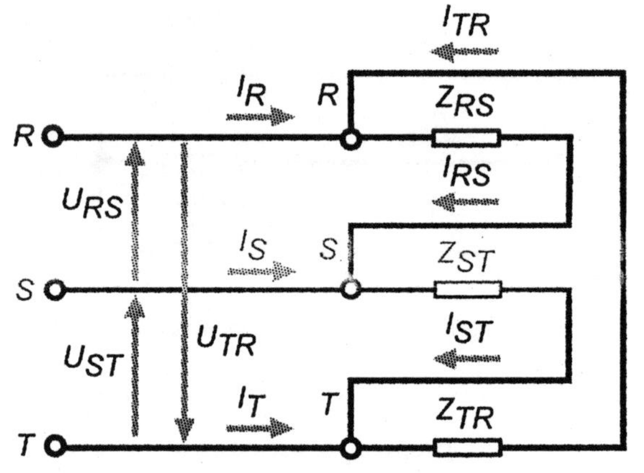

Figura 4.2 Sistema de cargas conectadas en triángulo

En forma análoga que en la conexión estrella:

$$P_{TRIF} = U_{RS}\, I_{RS} \cos\varphi_{RS} + U_{ST}\, I_{ST} \cos\varphi_{ST} + UTR\, I_{TR} \cos\varphi_{TR}$$

$$Q_{TRIF} = U_{RS}\, I_{RS} \operatorname{sen}\varphi_{RS} + U_{ST}\, I_{ST} \operatorname{sen}\varphi_{ST} + U_{TR}\, I_{TR} \operatorname{sen}\varphi_{TR}$$

$$S_{TRIF} = P_{TRIF} \pm j\, Q_{TRIF} \qquad S_{TRIF} = \sqrt{P_{TRIF}{}^2 + Q_{TRIF}{}^2}$$

En el caso de tener el receptor equilibrado:

$$|U_{RS}| = |U_{ST}| = |U_{TR}| = U_F$$

$$|I_{RS}| = |I_{ST}| = |I_{TR}| = I_F \qquad \varphi_{RS} = \varphi_{ST} = \varphi_{TR}$$

Luego nos queda:

$$P_{TRIF} = 3\ U_F.I_F.\cos\varphi = \sqrt{3}\ U_L.I_L.\cos\varphi$$

$$Q_{TRIF} = 3\ U_F.I_F.\operatorname{sen}\varphi = \sqrt{3}\ U_L.I_L.\operatorname{sen}\varphi$$

$$S_{TRIF} = 3\ U_F.I_F = \sqrt{3}\ U_L.I_L$$

4.4 Potencia trifásica instantánea

Si el sistema generador y receptor es equilibrado, las tensiones de fase son iguales con un desfasaje de 120° eléctricos, lo mismo que las corrientes , por lo tanto la potencia instantánea en cada fase será:

$$p_R = u_{RO}\ i_R = 2\ U_{RO}\ I_R \operatorname{sen}\omega t \operatorname{sen}(\omega t - \varphi)$$

$$p_S = u_{SO}\ i_S = 2\ U_{SO}\ I_S \operatorname{sen}(\omega t - 120°) \operatorname{sen}(\omega t - 120° - \varphi)$$

$$p_T = u_{TO}\ i_T = 2\ U_{TO}\ I_T \operatorname{sen}(\omega t - 240°) \operatorname{sen}(\omega t - 240° - \varphi)$$

Sumando las potencias instantáneas de cada fase y haciendo los cambios trigonométricos correspondientes nos queda:

$$p = p_R + p_S + p_T$$

$$p = [U_F I_F \cos\varphi - U_F I_F \cos 2\omega t \cos\varphi - U_F I_F \operatorname{sen} 2\omega t \operatorname{sen}\varphi] +$$

$$+ [U_F I_F \cos\varphi - U_F I_F \cos(2\omega t - 120°) \cos\varphi - U_F I_F \operatorname{sen}(2\omega t - 120°) \operatorname{sen}\varphi] +$$

$$+ [U_F I_F \cos\varphi - U_F I_F \cos(2\omega t + 120°) \cos\varphi - U_F I_F \operatorname{sen}(2\omega t + 120°) \operatorname{sen}\varphi]$$

Los segundos y tercer términos de cada corchete tienen un valor cero al sumarlos, con lo que la potencia instantánea en un sistema trifásico equilibrado es constante y su valor es:

$$p = 3\ U_F I_F \cos\varphi$$

4.5 Mejoramiento del factor de potencia en redes trifásicas

En toda instalación eléctrica industrial de características óhnmico inductivas, el factor de potencia puede ser mejorado, mediante la instalación de capacitores en el sistema.

La ubicación de los mismos deberá ser analizada en cada caso en particular, en función de la operación de las distintas máquinas eléctricas que conforman la instalación. Dado que la conexión de los mismos puede realizarse agrupándolos en forma estrella ó triángulo, el valor de los mismos será diferente.

Analicemos una carga a la cual necesitamos compensar su potencia reactiva, de acuerdo al esquema de la figura 4.3.

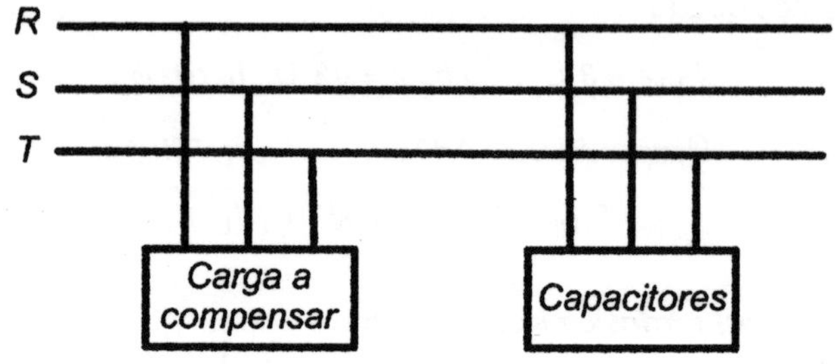

Figura 4.3 Esquema de conexión para efectuar compensación de potencia reactiva

Si la potencia reactiva a compensar es QL (Trifásica), en cada fase habrá que colocar un capacitor que compense la tercera parte de dicha potencia, con lo que la formula genérica estará dada de forma análoga que en el análisis que hiciéramos para cargas monofásicas:

$$C = \frac{P\left(tg\ \varphi_m - tg\ \varphi_R\right)}{3\ \omega\, U_F{}^2}$$

4.5.1 Capacitores conectados en estrella

Dado que el sistema está equilibrado, la relación de tensiones está dada por: $U_L = \sqrt{3}\ U_F$, luego el capacitor a colocar por cada fase tendrá el siguiente valor:

$$C = \frac{P\left(tg\ \varphi_m - tg\ \varphi_R\right)}{\omega\, U_L{}^2}$$

4.5.2 Capacitores conectados en triángulo

En este caso: $U_L = U_F$ por lo que nos queda:

$$C = \frac{P\left(tg\ \varphi_m - tg\ \varphi_R\right)}{3\ \omega\, U_L{}^2}$$

La relación de capacidades de adoptar una forma de conexión u otra está dada por:

$$\frac{C_{TRIANGULO}}{C_{ESTRELLA}} = \frac{1}{3}$$

O sea que conectando los capacitores en triángulo, la capacidad de los mismos es tres veces menor que conectándolos en estrella. Se deberá tener en cuenta que en triángulo la tensión que deben soportar los mismos es 1,73 veces mayor que en estrella, pero la corriente es 1,73 veces menor.

4.6 Medición de potencia activa en sistemas trifásicos

En todo sistema trifásico podemos medir la potencia activa total mediante el empleo de un vatímetro en cada fase, midiendo la correspondiente tensión y corriente de fase. El esquema es el de la figura 4.4.

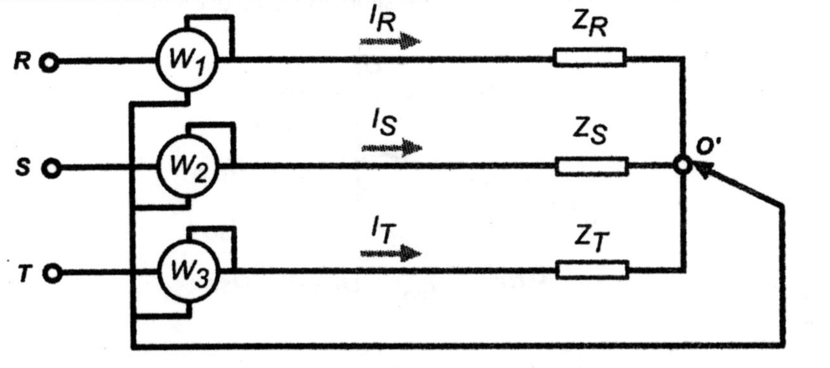

Figura 4.4 Medición de potencia en un sistema trifásico con tres vatímetros

Las tres bobinas voltimétricas de los vatímetros, se unen a un punto común, que es el centro de estrella del receptor "O'".

$$P_{TRIF} = W_1 + W_2 + W_3$$

$$W_1 = U_{RO'} \cdot I_R \cos \varphi_R = \mathbf{U_{OR'} \cdot I_R} \quad \text{(Producto escalar de 2 vectores)}$$

$$W_2 = U_{SO'} \cdot I_S \cos \varphi_S = \mathbf{U_{SO'} \cdot I_S}$$

$$W_3 = U_{TO'} \cdot I_T \cos \varphi_T = \mathbf{U_{TO'} \cdot I_T}$$

$$P_{TRIF} = \mathbf{U_{RO'} \cdot I_R} + \mathbf{U_{SO'} \cdot I_S} + \mathbf{U_{TO'} \cdot I_T}$$

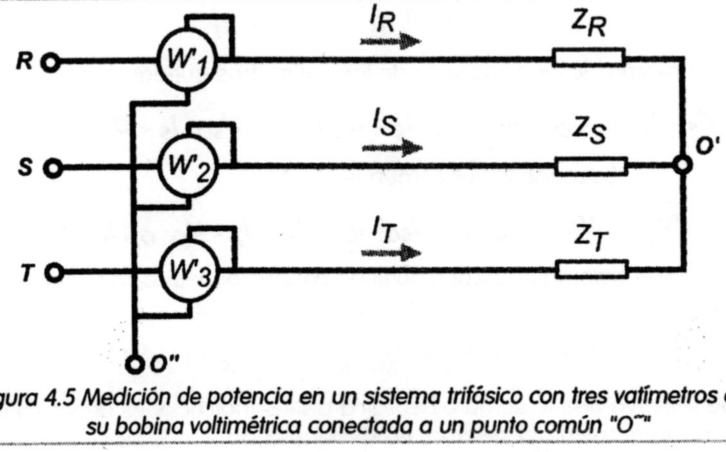

Figura 4.5 Medición de potencia en un sistema trifásico con tres vatímetros con su bobina voltimétrica conectada a un punto común "O'"

Si al punto común de las bobinas voltimétricas de los vatímetros, lo conectamos a un punto ficticio que denominaremos "O´´", de acuerdo al e esquema de la figura 4.5.

$W´_1 = \mathbf{U_{RO´´} \cdot I_R}$ $W´_2 = \mathbf{U_{SO´´} \cdot I_S}$ $W´_3 = \mathbf{U_{TO´´} \cdot I_T}$

El diagrama fasorial para ambas situaciones es el de la figura 4.6.

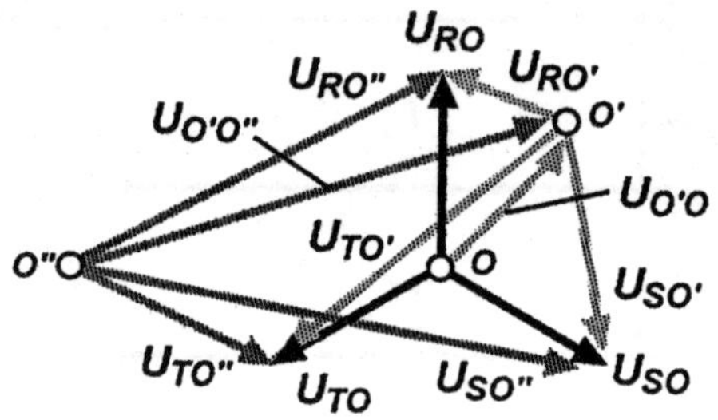

Figura 4.6 Diagrama fasorial de tensiones

Del diagrama fasorial se obtiene:

$$\mathbf{U_{RO´´} = U_{O´O´´} + U_{RO´}}$$

$$\mathbf{U_{SO´´} = U_{O´O´´} + U_{SO´}}$$

$$\mathbf{U_{TO´´} = U_{O´O´´} + U_{TO´}}$$

Reemplazando la indicación de los vatímetros será:

$$W'_1 = \mathbf{U_{O´O´´} \cdot I_R + U_{RO´} \cdot I_R}$$

$$W'_2 = \mathbf{U_{O´O´´} \cdot I_S + U_{SO´} \cdot I_S}$$

$$W'_3 = \mathbf{U_{O´O´´} \cdot I_T + U_{TO´} \cdot I_T}$$

Si sumamos las indicaciones de los vatímetros queda:

$$W´_1 + W´_2 + W´_3 = \mathbf{U_{O´O´´} \cdot I_R + U_{RO´} \cdot I_R + U_{O´O´´} \cdot I_S + U_{SO´} \cdot I_S + U_{O´O´´} \cdot I_T + U_{TO´} \cdot I_T}$$

Sacando factor común :

$$W´_1 + W´_2 + W´_3 = \mathbf{U_{RO´} \cdot I_R + U_{SO´} \cdot I_S + U_{TO´} \cdot I_T + U_{O´´O} \cdot (I_R + I_S + I_T)}$$

Ya que el sistema analizado no tiene conductor neutro, la suma de las corrientes en el nodo "O´" vale cero, con lo que nos queda:

$$W´_1 + W´_2 + W´_3 = \mathbf{U_{RO´} \cdot I_R + U_{SO´} \cdot I_S + U_{TO´} \cdot I_T}$$

Se observa que la suma algebraica de las indicaciones de los vatímetros es la potencia trifásica del sistema, no dependiendo donde se conecta el punto común de las bobinas voltimétricas de los vatímetros.

Ahora bien, si el punto común lo elegimos de forma tal que sea, por ejemplo una de las fases, la bobina voltimétrica del vatímetro correspondiente tendrá una tensión nula y no dará indicación, lo cual nos permite medir la potencia trifásica del conjunto con dos vatímetros, ya que lo analizado sigue teniendo validez. El esquema es el que se presenta en la figura 4.7.

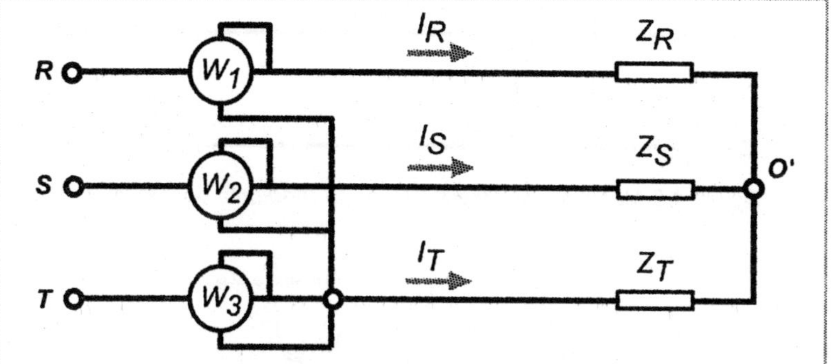

Figura 4.7 Medición de potencia en un sistema trifásico con tres vatímetros con el punto común de la bobina voltimétrica sobre una fase

En esta situación los vatímetros W_1 y W_2, tienen aplicadas las correspondientes corrientes y tensiones de línea, no dependiendo de la forma en que estén conectadas las cargas.Este forma de medir potencia en sistemas trifásicos en los cuales se utiliza (n - 1) vatímetros, se lo conoce por el ***Método de Arón***, siendo "n" el número de conductores del sistema (cuatro para sistemas con neutro y tres para sistemas con neutro aislado). La potencia del sistema trifásico es la suma ***algebraica*** de las indicaciones de los vatímetros.

4.7 Receptor equilibrado

4.7.1 Potencia activa

Cuando el receptor esta equilibrado se cumple :

$$\mathbf{Z_R} = \mathbf{Z_S} = \mathbf{Z_T} = \mathbf{Z} \qquad \varphi_R = \varphi_S = \varphi_T = \varphi \qquad I_R = I_S = I_T$$

Si efectuamos la medición de potencia mediante dos vatímetros conectados de la forma esquematizada en la figura 4.8 (página siguiente), el diagrama fasorial para un receptor de características óhmico-inductivas, y secuencia directa es el de la figura 4.9.

En este caso en el cual la secuencia es positiva se cumple :

$$\varphi_{RT} = \varphi - 30°$$

$$\varphi_{ST} = \varphi + 30°$$

En el caso de tener secuencia negativa el diagrama fasorial correspondiente es el de la figura 4.10.

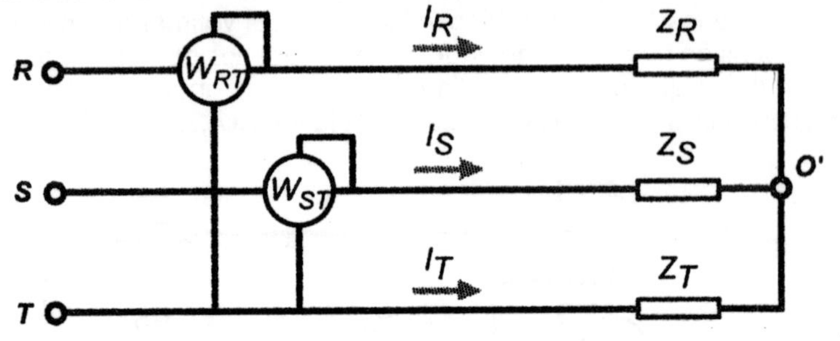

Figura 4.8 Medición de potencia trifásica mediante dos vatímetros

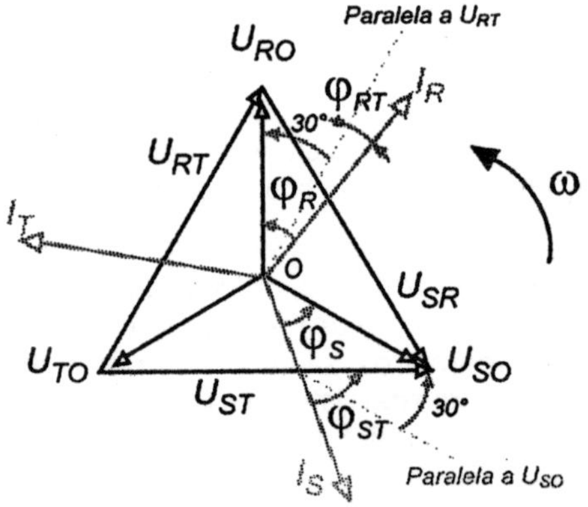

Figura 4.9 Diagrama fasorial para una carga equilibrada

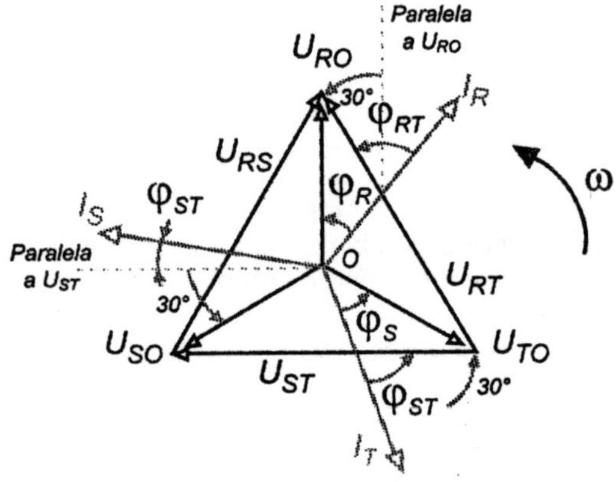

Figura 4.10 Diagrama fasorial para cargas equilibradas con secuencia negativa

En este caso se cumple que:

$$\varphi_{RT} = \varphi + 30°$$

$$\varphi_{ST} = \varphi - 30°$$

La expresión que nos da la potencia activa trifásica es:

$$P_{TRIF} = U_{RT}\, I_R \cos\varphi_{RT} + U_{ST}\, I_S \cos\varphi_{ST}$$

$P_{TRIF} = U_{RT}\, I_R \cos(\varphi - 30°) + U_{ST}\, I_S \cos(\varphi + 30°)$ Para secuencia positiva

$P_{TRIF} = U_{RT}\, I_R \cos(\varphi + 30°) + U_{ST}\, I_S \cos(\varphi - 30°)$ Para secuencia negativa

Graficaremos las indicaciones W_{RT} y W_{ST}, para distintos tipos de cargas, variables entre, capacitivas puras, óhmico-capacitivas, óhmico puro, óhmico-inductivo, e inductivo puro, de acuerdo a las siguientes expresiones:

$W_{RT} = U_L\, I_L \cos\varphi_{RT} = \mathbf{K} \cos(\varphi - 30°)$ Secuencia positiva

$W_{ST} = U_L\, I_L \cos\varphi_{ST} = \mathbf{K} \cos(\varphi + 30°)$ Secuencia positiva

$W_{RT} = U_L\, I_L \cos\varphi_{RT} = \mathbf{K} \cos(\varphi + 30°)$ Secuencia negativa

$W_{ST} = U_L\, I_L \cos\varphi_{ST} = \mathbf{K} \cos(\varphi - 30°)$ Secuencia negativa

En el gráfico que se encuentra en la página siguiente (pág. 58), se han dibujado las curvas, con las indicaciones de los vatímetros, tomando los valores referidos a una constante $\mathbf{K} = 1$. Del mismo podemos observar:

- *Si $\varphi = 0$, receptor óhmico puro, ambos vatímetros tienen igual indicación y de valor positivo.*
- *Cuando φ varía entre 60° y 90°, uno de los ángulos (φ_{RT} ó φ_{ST}) varía entre 90° y 120°, lo cual hace que la indicación de uno de los vatímetros se haga negativa (Se debe restar para obtener la potencia trifásica).*
- *Cuando el receptor es de características óhmico-inductivas, siempre es mayor la lectura del vatímetro conectado a la fase que sigue a la fase común, cuando la secuencia es positiva y menor cuando es negativa.*
- *Cuando el receptor es de características óhmico-capacitivas, es mayor la lectura del* vatímetro conectado a la fase que precede a la fase común, cuando la secuencia es positiva y menor cuando es negativa.
- *Cuando el receptor es de características inductivas ó capacitivas puras ($\varphi \pm 90°$), los vatímetros tienen igual indicación pero con el signo cambiado ($P_{TRIF} = 0$).*

En base a este análisis podemos determinar la secuencia de una red de acuerdo a la indicación de los vatímetros, ya que se debe cumplir:

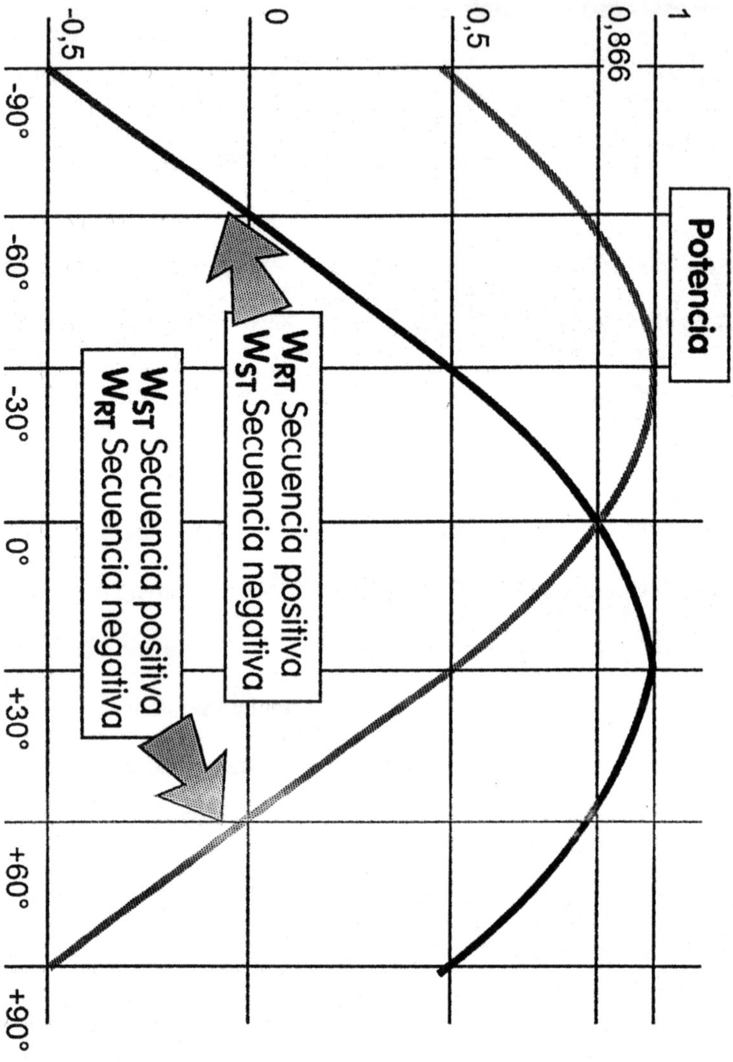

✔ *Con carga óhmico-inductiva*:

$W_{RT} > W_{ST}$ Secuencia positiva

$W_{RT} < W_{ST}$ Secuencia negativa

✔ *Con carga óhmico-capacitiva:*

$W_{RT} < W_{ST}$ Secuencia positiva

$W_{RT} > W_{ST}$ Secuencia negativa

4.7.2 Potencia reactiva

Si en un circuito trifásico equilibrado hacemos la diferencia de las indicaciones de los vatímetros, obtenemos:

$$W_{RT} - W_{ST} = U_L\, I_L \cos(\varphi - 30°) - U_L\, I_L \cos(\varphi + 30°) =$$

$$W_{RT} - W_{ST} = U_L\, I_L\, [(\cos\varphi \cos 30° + \text{sen}\,\varphi\, \text{sen}\, 30°) - (\cos\varphi \cos 30° - \text{sen}\,\varphi\, \text{sen}\, 30°)]$$

$$WRT - WST = 2\, U_L\, I_L\, (\text{sen}\,\varphi\, \text{sen}\, 30°) = U_L\, I_L\, \text{sen}\,\varphi$$

Vemos que este valor es el de la potencia reactiva dividido por $\sqrt{3}$, luego para determinar la potencia reactiva trifásica en un sistema equilibrado, con la lectura de dos vatímetros utilizando el *método de Arón* es:

$$Q_{TRIF} = \sqrt{3}\left(W_{RT} - W_{ST}\right)$$

Ejercicio N° 1: Para el circuito de la figura calcular para secuencia directa y una tensión de alimentación de 3 x 380 V - 50 Hz :

a) La tensión de corrimiento de neutro.
b) Las corrientes de línea.
c) La indicación de los vatímetros.
d) La potencia activa y reactiva trifásica.
e) Dibujar en escala el diagrama fasorial.

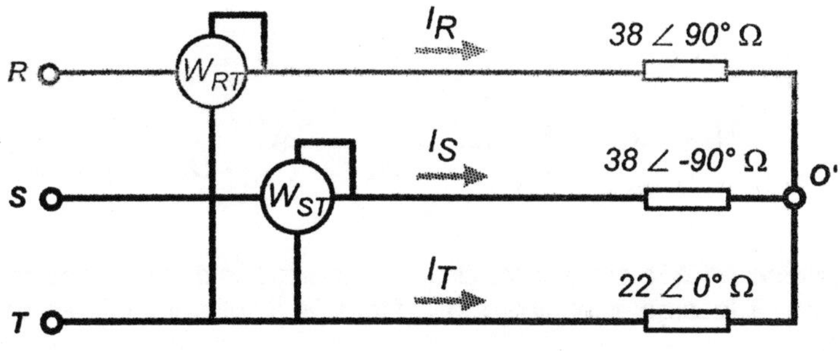

a) $\boldsymbol{Y_R} = {}^1/\boldsymbol{Z_R} = {}^1/38 \angle 90° = 0{,}0263 \angle -90°$ [S]

$\boldsymbol{Y_S} = {}^1/\boldsymbol{Z_S} = {}^1/38 \angle -90° = 0{,}0263 \angle 90°$ [S]

$\boldsymbol{Y_T} = {}^1/\boldsymbol{Z_T} = {}^1/22 \angle 0° = 0{,}0455 \angle 0°$ [S]

$$\boldsymbol{U_{O'O}} = \frac{220\angle 90°.0{,}0263\angle -90° + 220\angle 330°.0{,}0263\angle 90° + 220\angle 210°.0{,}0455\angle 0°}{0{,}0263\angle -90° + 0{,}0263\angle 90° + 0{,}0455\angle 0°} = 0$$

b) $\boldsymbol{I_R} = \boldsymbol{U_{RO}} \cdot \boldsymbol{Y_R} = \boldsymbol{U_{RO'}} \cdot \boldsymbol{Y_R} = 220 \angle 90° \,.\, 0{,}0263 \angle -90° = 5{,}79 \angle 0°$ [A]

$I_S = U_{SO} . Y_S = U_{SO'} . Y_S = 220 \angle 330°. 0{,}0263 \angle 90° = 5{,}79 \angle 60°$ [A]

$I_T = U_{TO} . Y_T = U_{TO'} . Y_T = 220 \angle 210° . 0{,}0455 \angle 0° = 10 \angle 210°$ [A]

c) $W_{RT} = 380 . 5{,}79 . \cos 60° = 1100$

$W_{ST} = 380 . 5{,}79 . \cos 60° = 1100$

$P_{TRIF} = W_{RT} + W_{ST} = 1100 + 1100 = 2200$ W

d) $P_R = 0$ $Q_R = 220 .5{,}79 . \text{sen } 90° = 1273{,}8$ VAr (Inductivo).

$P_S = 0$ $Q_S = 220 .5{,}79 . \text{sen } (- 90°) = - 1273{,}8$ VAr (Capacitivo)

$P_T = 220 . 10 . \cos 0° = 2200$ W $Q_T = 0$

$P_{TRIF} = P_R + P_S + P_T = 0 + 0 + 2200 = 2200$ W

$Q_{TRIF} = Q_R + Q_S + Q_T = 1273{,}8 - 1273{,}8 + 0 = 0$

$S_{TRIF} = 2200$ VA

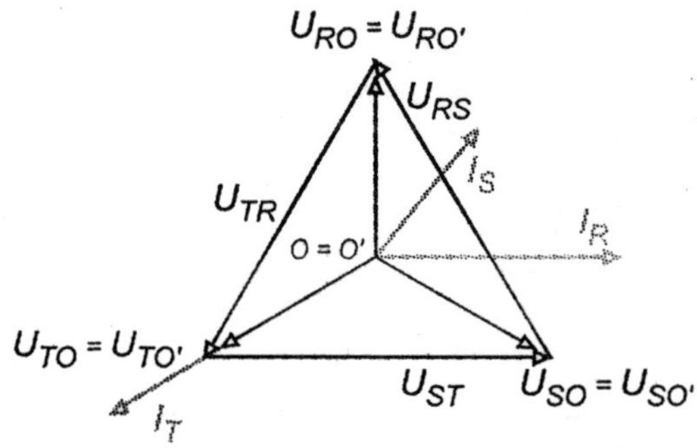

Ejercicio N° 2: En el siguiente circuito la indicación de los vatímetros es $W_{RT} = W_{ST} = 330$. Si lacarga es equilibrada y la tensión de alimentación es de 3 x 380 V - 50 Hz.

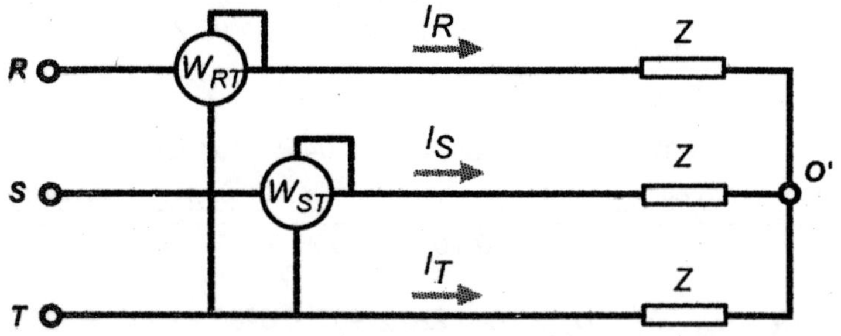

Hallar:

a) El valor de las impedancias.
b) Las corrientes de línea.

a)

$$P_{TRIF} = W_{RT} + W_{ST} = 330 + 330 = 660\ W$$

$$Q_{TRIF} = \sqrt{3}\left(W_{RT} - W_{ST}\right) = 0 \quad \Rightarrow \quad \textit{carga óhmica pura}$$

$$P_R = P_S = P_T = P = \frac{P_{TRIF}}{3} = 220\ W$$

$$R = \frac{U^2}{P} = \frac{220^2}{220} = 220\ \Omega$$

b)

$$I_L = I_F = \frac{U_F}{R} = \frac{220}{220} = 1\ A$$

Se terminó de
imprimir en Enero del año 2000,
en Artes Gráficas Piscis S.R.L.
Junín 845, Capital Federal,
Argentina